普通高等教育"十三五"规划教材

有机化学实验

第二版

孙世清　王铁成　主编
董宪武　主审

化学工业出版社

·北京·

本书是《有机化学》(董宪武、马朝红主编)的配套教材。在实验内容选择和编排上,以培养学生的动手能力、综合能力和创新能力以及加强基本操作技能为原则。实验由浅入深、层次分明,具有较强的实用性,有利于帮助学生理解和巩固有机化学的基本理论和掌握有机化合物的基本性质。

本教材共编写 55 个实验,主要内容包括:有机化学实验的一般知识,有机化学实验基本操作技术,有机化合物的基本性质及官能团检验技术,有机化合物的制备技术,天然物质中有效成分的提取技术,综合性、设计性实验等。

本教材适用于高等农林院校各专业有机化学实验教学用,也可作为其他高等院校与化学相关专业及农业科技工作者的参考用书。

图书在版编目(CIP)数据

有机化学实验/孙世清,王铁成主编 . —2 版 . —北京:化学
工业出版社,2015.7(2022.1重印)

普通高等教育"十三五"规划教材

ISBN 978-7-122-23992-1

Ⅰ.①有… Ⅱ.①孙…②王… Ⅲ.①有机化学-化学实验-
高等学校-教材 Ⅳ.①O62-33

中国版本图书馆 CIP 数据核字(2015)第 101872 号

责任编辑:旷英姿　　　　　　　　　　　　　　装帧设计:王晓宇
责任校对:宋　玮

出版发行:化学工业出版社(北京市东城区青年湖南街 13 号　邮政编码 100011)
印　　装:大厂聚鑫印刷有限责任公司
787mm×1092mm　1/16　印张 11　字数 254 千字　2022 年 1 月北京第 2 版第 6 次印刷

购书咨询:010-64518888　　　　　　　售后服务:010-64518899
网　　址:http://www.cip.com.cn

编审人员

主　　　编　孙世清　　王铁成

副 主 编　李玉杰　　孔令瑶

主　　审　董宪武

编　　者　（以姓名笔画为序）

马朝红　孔令瑶　王铁成　　孙世清

李玉杰　姜　辉　高倩倩　薛晓丽

序

化学是一门古老而年轻的科学，是研究和创造物质的科学，它同工农业生产、国防现代化及人类社会等都密切相关。 在改善人类生活方面，它也是最有成效的学科之一。 可以说，化学是一门中心性的、实用性的和创造性的科学。

化学学科的发展经历了若干个世纪。 从 17 世纪中叶波义耳确定化学为一门学科，到 19 世纪中叶原子-分子学说的建立，四大化学的分支——无机化学、有机化学、分析化学、物理化学相继形成，近代化学的框架基本定型。 随着生产、生活的迫切需要，近年来化学学科得以飞速发展。

近年来，我国高等教育的结构发生了巨大的变革。 一些大学通过合并使专业更加齐全，成为真正意义上的综合性大学；许多单科性学院也发展成了多科性的大学。 同时，高等教育应该是宽口径的专业基础教育的新型高等教育理念也已经逐步深入人心。 在这种形势下，一些基础课若仍按理、工、农、医分门别类采用不同教材进行教学，既不利于高等教育结构的改革，也不利于学生综合能力的培养。 因此，编写出一些适用于不同专业的通用公共基础课教材，是 21 世纪教育改革的一个十分重要而又有深远意义的课题，也是一项十分艰巨的任务。

吉林农业科技学院化学系多年来坚持化学教材建设的研究与实践，对化学课程进行了整体设计和优化，突破四大分支学科的壁垒，编写出版了系列教材——《无机及分析化学》、《无机及分析化学实验》、《有机化学》、《有机化学实验》。

该化学基础课程体系，充分考虑了学科发展的趋势和学生学习课时数等方面的情况，突出适度、适用的原则，使省出的学时让学生学习更多的包括化学以外的新知识，希望培养出适应我国科学技术和经济的快速发展所需要的高素质复合型人才。

苏显学
2009 年 5 月

前言

本书自 2010 年出版以来，受到各使用学校的欢迎。在近五年的教学实践过程中，各学校积累了许多有益的经验，并提出了一些宝贵的建议。此次修订再版，就是根据这些经验和建议对内容做了适当的调整和补充。

本教材仍遵循第一版的编写原则，在保留原教材的总体框架的基础上，去除了一些验证性和不适用的实验，补充了一些具有实用性的合成实验。力求对学生加强基本操作训练，使他们能够做到仪器正确使用，基本操作规范；重视制备实验，以帮助学生理解和巩固有机化学的理论和掌握有机化合物的基本性质。制备实验仍以常量为主，同时附有小型化或微型化或绿色化实验供选择，以减少污染，节约药品，缩短反应时间。

本教材共编写 55 个实验，实验条件成熟，实验规程可靠。主要包括 7 个方面的内容：有机化学实验的一般知识，有机化学实验基本操作技术，有机化合物的基本性质及官能团检验技术，有机化合物的制备技术，天然物质中有效成分的提取技术，综合性、设计性实验，最后为附录。基本操作实验选编了有机化学实验中常用的实验操作，涉及了绝大部分常用的有机化学实验仪器，并将这些分散到后面的制备技术、天然产物提取中不断强化练习。有机化学实验中还介绍了主要操作项目，简要叙述基本原理、操作步骤和注意事项。制备实验使学生在基本操作实验基础上学会综合运用所学到的实验技能。附录中有多种数据供查阅。

本书由吉林农业科技学院孙世清、王铁成主编，李玉杰、孔令瑶副主编，董宪武主审。参加本书修订的具体分工如下：高倩倩（第一章的一至四）、李玉杰（第一章的五至七及实验 25、实验 26）、姜辉（实验 1 至实验 11）、孙世清（实验 12 至实验 16、实验 27 至实验 41）、马朝红（实验 17 至实验 20），孔令瑶（实验 21 至实验 24）、薛晓丽（实验 42 至实验 48）和王铁成（实验 49 至实验 55、附录）。

本教材是编者所在的吉林农业科技学院有机化学教研室全体教师多年教学经验的总结，大家对教材的编写提出过很多建设性的建议，同时在编写和修订过程中也参阅了一些兄弟院校相关教材内容，在此我们一并表示表示衷心的感谢！

由于编者水平所限，疏漏在所难免，敬请同行专家、读者批评指正。

编者
2015 年 4 月

第一版前言

根据教育部"高等学校基础课实验教学示范建设标准"和"厚基础、宽专业、大综合"教育理念，随着全国教学改革的不断深入，根据培养应用型、复合型、创新型人才的需要，在长期钻研实验课程教学体系、改革教学内容的基础上我们编写了本教材。

有机化学是一门实验性学科，通过实验课教学对培养学生的动手能力、综合分析能力和创新能力起到至关重要的作用。有机化学实验既要配合有机化学理论的学习，又要有相对的独立性和系统性。通过加强基本操作训练，使学生能够做到正确使用仪器，基本操作规范；重视制备实验、熟悉验证性实验，以帮助学生理解和巩固所学到的理论知识。制备实验仍以常量为主，同时附有小型化或微型化或绿色化实验供选择，以减少污染，节约药品，缩短反应时间。

本教材共编写 55 个实验。包括了七个方面的内容，有机化学实验的一般知识；有机化学实验基本操作技术；有机化合物的基本性质及官能团检验技术；有机化合物的制备技术；天然物质中有效成分的提取技术；综合性、设计性实验及附录。基本操作实验选编了有机化学实验中常用的实验操作，涉及了绝大部分常用的有机化学实验仪器，并将这些分散到后面的制备技术、天然产物提取中不断强化练习。有机化学实验中还介绍了主要操作项目，简要叙述基本原理、操作步骤和注意事项。制备实验使学生在基本操作实验基础上学会综合运用所学到的实验技能。每个实验后均有思考题。附录中有多种数据供查阅。

本书由吉林农业科技学院孙世清、王铁成主编，云秀珍、肖凤艳副主编。具体编写分工是：高倩倩编写第一章的一至四，肖凤艳编写第一章的五至七，姜辉编写第二章中实验1 至 11，孙世清编写第二章中实验 12 至 16 及第四章，马朝红编写第三章中实验 17 至23，云秀珍编写第三章中实验 24 至 26，薛晓丽编写第五章，王铁成编写第六章及附录。本书由董宪武教授主审。

本教材是编者所在有机化学教研室全体教师多年教学经验的总结，老师们对教材的编写提出过很多建设性的建议，同时在编写过程中参阅了一些兄弟院校的教材并吸取了部分内容，本书在编写过程中得到了化学工业出版社的大力支持，在此我们表示衷心的感谢！

由于编写时间仓促，编者水平所限，不妥和遗漏难免出现，敬请同行专家、读者批评指正。

编者

2009 年 5 月

CONTENTS

目录

有机化学实验的一般知识

Chapter 01

一、有机化学实验的目的与学习方法

1. 有机化学实验的目的

有机化学是一门实验性很强的学科，化学中的定律和理论大都来源于实验，因此，有机化学实验课在高等教育中占有特别重要的地位，它既独立又与有机化学理论课有紧密的联系。有机化学实验的研究对象可概括为：以实验为手段来研究和理解化学中的重要理论、重要方法、有机化合物的基本性质。学生经过严格的训练，能够规范的掌握基本操作、基本技术和基本技能。

通过实验，学生可以掌握大量的化学学科的第一手感性知识，经思维、归纳、总结，从感性认识上升到理性认识，从而加深理解有机化学的基本理论及基本知识。

在实验过程中，学生自己由提出问题、查阅资料、设计方案、动手实验、观察现象、测定数据，到正确的处理、概括实验结果和解决化学问题。实验的全过程是综合培养学生全面智力因素（动手、观测、查阅、记忆、思维、想象、表达）的最有效的方法，从而使学生具备分析问题、解决问题的工作能力。

在培养智力因素的同时，有机化学实验又是对学生进行其他方面素质训练的理想场所，包括艰苦创业、勤奋不懈、谦虚好学、善于协作、求实、求真、存疑等学科品德和科学精神的训练，这些都是每一位学生将来从事科学研究及实际工作获得成功所不可缺少的因素。

2. 有机化学实验的学习方法

（1）预习

预习是做好实验的必要基础。预习可以使实验有目的地进行并获得良好的效果，认真而充分的预习是实验成功的重要前提。

① 明确本实验的任务、目的。

② 阅读理解实验教材和理论教材中的有关内容、原理。

③ 明确实验的操作步骤，搞清实验所需仪器、药品和操作注意事项，做到心中有数。

（2）检查

实验开始前由指导教师进行集体或个别提问，也可以在讲解实验的目的、原理等内容后提问。一方面了解学生对本实验的目的、内容、原理、操作和注意事项的准备情况；另一方面，可以具体指导学生的学习方法和解答学生对本实验的疑问。

（3）实验

有机化学是一门实验性很强的学科，科学实验是理论联系实际的重要环节。根据实验教材上提供的方法步骤亲手操作，对实验现象由表及里地探索，才能对本实验有深刻的理解，提高观察问题和解决问题的能力。

① 认真操作，细心观察，并把观察到的现象和数据如实、详细地记录在实验记录本上。

② 手与脑并用，进行每一步操作都要积极思考操作的目的和作用，理论联系实际。实践表明，在实验中"照方抓药"往往学不到真正的知识。

③ 实验中遇到疑难问题和使用不熟悉其性能的仪器和药品之前，应查阅有关书籍或请教指导教师等，不可盲目操作。

④ 自觉遵守实验室规则，保持实验室肃静，实验台整洁。

（4）实验报告

① 实验报告的主要内容包括实验名称、实验日期、实验目的、简要原理、仪器和药品、实验主要步骤（简图、表格、化学式、流程）、实验现象的记录、测量数据的处理、实验结论、问题和讨论等内容。

② 实验报告要简明扼要、结论明确，在符合实验报告要求前提下，能简化的应尽可能简化，需保留的必须保留，同时要求字迹清楚、书写工整。

③ 实验记录必须准确、简明、清楚。记录本的篇页应有编号，不能随便撕去。记录若有错误，可划掉重写，不得涂改。严禁随意记录实验数据。

④ 如实地记录实验现象和数据，绝对不允许抄袭和杜撰数据。

二、有机化学实验室规则

实验在有机化学的学习中占有重要的地位，因此必须认真做好每一个实验。为保证实验的正常进行、养成良好的实验习惯及培养严谨的科学态度，要求学生必须遵守下列规则。

① 实验前必须认真预习有关的实验内容，做好预习笔记。通过预习，要明确实验的目的和要求，了解实验的基本原理、步骤和操作技术，熟悉实验所需的药品、仪器和装置，重视实验中的注意事项。

② 进入实验室后，必须遵守实验室的纪律和各项规章制度。实验中不要大声喧哗、不乱拿乱放、不将公物带出实验室，借用公物要自觉归还，损坏东西要如实登记，出了问题要及时报告。

③ 实验操作要严格按照操作规程进行。仔细观察，积极思考，及时准确、实事求是地做好实验记录。

④ 听从教师和实验室工作人员的指导，若有疑难问题或发生意外事故必须立即报告教师，以得到及时解决和处理。

⑤ 实验中应始终保持实验室的卫生。做到桌面、地面、水槽和仪器"四净"。

⑥ 严格控制药品的规格和用量，节约用水、用电。

⑦ 实验完毕，必须及时做好整理工作。清洗仪器并放到指定位置、处理废物、检查安全、做好记录并交给教师。待教师签字后方可离开实验室。

⑧ 每次做完实验，必须认真写出实验报告。

三、有机化学实验室的安全知识

在有机化学实验中，经常使用易燃试剂（如乙醚、丙酮、乙醇、苯、乙炔和苦味酸等），有毒试剂（如苯肼、硝基苯及氰化物等），有腐蚀性的试剂（如浓硫酸、浓盐酸、浓硝酸、溴和烧碱等）。而且仪器多为玻璃制品。若使用不当或不加小心，很可能发生着火、烧伤、爆炸、中毒等事故。为了防止意外事故的发生，使实验顺利进行，因此要求学生除了严格按规程操作外，还必须熟悉各种仪器、药品的性能和一般事故的处理等实验室安全知识。

1. 实验时注意的事项

① 实验开始前，应认真进行预习，掌握实验操作；仔细检查仪器是否完整，仪器装置是否安装正确、平稳。

② 熟悉实验室内水、电、煤气的开关，了解试剂和仪器的性能。

③ 实验中所用的药品，不得随意散失、遗弃，使用后必须放回原处。对反应中产生的有毒气体、实验中产生的废液，应按规定处理。

④ 实验过程中不得擅离岗位，实验室内严禁吸烟、饮食。

⑤ 熟悉使用各种安全用具（如灭火器、沙桶和急救箱等）。

⑥ 实验进程中，要认真观察、思考、如实记录实验情况。

⑦ 进行有危险性的实验时应佩戴防护眼镜、面罩和手套等防护用具。

2. 事故的预防和处理

（1）火灾

为避免发生火灾，必须注意以下几点。

① 对易挥发和易燃物，切忌乱倒，应专门回收处理。

② 处理易燃试剂时，应远离火源，不能用烧杯等广口容器盛易燃溶剂，更不能用火直接加热。

③ 实验室不得贮放大量易燃物。

④ 仔细检查实验装置、煤气管道是否破损漏气。

实验室如果发生着火事故应沉着镇静及时采取措施。首先，应立即关闭煤气，切断电源，熄灭附近所有火源，迅速移开周围易燃物质，再用沙或石棉布将火盖熄。一般情况下严禁用水灭火。衣服着火时，应立即用石棉布或厚外衣盖熄，火势较大时，应卧地打滚。

除干沙、石棉常备物品外，还常用灭火器灭火。实验室常备如下三种灭火器。

① 二氧化碳灭火器。它常用于扑灭油脂、电器及其他贵重物品着火。

② 四氯化碳灭火器。它常用于扑灭电器内或电器附近着火。但在使用四氯化碳灭火器时要注意，因四氯化碳高温时能生成剧毒的光气，且与金属钠接触会发生爆炸，故不能在狭小和通风不良的实验室中使用。

③ 泡沫灭火器。内装含发泡剂的碳酸氢钠溶液和硫酸铝溶液。使用时，有液体伴随大量的二氧化碳泡沫喷出。因泡沫能导电，注意不能用于电器灭火。

不论使用何种方法灭火，都应从火的四周开始向中心灭火。

（2）爆炸

实验中，由于违章使用易燃易爆物，或仪器堵塞、安装不当及化学反应剧烈等均能引发爆炸。为了防止爆炸事故的发生，应严格注意以下几点。

① 某些化合物如过氧化物、干燥的金属炔化物等，受热或剧烈振动易发生爆炸。使用

时必须严格按操作规程进行。

② 如果仪器装置安装不正确，也会引起爆炸。因此，常压操作时，安装仪器的全套装置必须与大气相通，不能造成密闭体系。减压或加压操作时，注意仪器装置能否承受其压力，仪器安装完毕后，应做空白实验，实验中应随时注意体系压力的变化。

③ 若遇反应过于剧烈，致使某些化合物因受热分解，体系热量和气体体积突增而发生爆炸，通常可用冷冻、控制加料等措施缓和反应。

（3）中毒

化学药品大多有毒，因此实验中要注意以下几点，以防止中毒。

① 剧毒药品绝对不能用手直接接触。使用完毕后，应立即洗手，并将该药品严密封存。

② 进行可能产生有毒或腐蚀性气体的实验时，应在通风橱内操作，也可用气体吸收装置吸收有毒气体。

③ 所有沾染过有毒物质的器皿，实验完毕后，要立即进行消毒处理和清洗。

此外，装配玻璃仪器时，注意不要用力过猛；所有玻璃断面应烧熔，消除棱角，防止割伤。应避免皮肤直接接触高温和腐蚀性物质，以免灼伤。

3. 急救常识

（1）玻璃割伤

若玻璃割伤为轻伤，应立即挤出污血，用消毒过的镊子取出玻璃碎片，再用蒸馏水洗净伤口，涂上碘酒或红药水，最后用绷带包扎。伤口如果较大，应立即用绷带扎紧伤口上部，以防止大量出血，急送医院治疗。

（2）火伤

若火伤为轻伤，应在伤处涂玉树油或蓝油烃油膏；重伤者，立即送医院治疗。

（3）灼伤

灼伤后应立即用大量水冲洗患处，再根据具体情况，选用下列方法处理后，立即送往医院。

① 酸、碱液或溴入眼中。立即先用大量水冲洗；若为酸液，再用1％碳酸氢钠溶液冲洗；若为碱液，再用1％硼酸溶液冲洗；对于溴，则用1％碳酸氢钠溶液冲洗，最后再用水冲洗。

若玻璃碎片入眼中，应用清水冲洗，切勿用手揉擦。

② 皮肤被酸、碱或溴液灼伤。立即先用大量水冲洗；若为酸液，再用3％～5％碳酸氢钠溶液冲洗；若为碱液，再用1％醋酸洗。最后均用水洗，涂上烫伤油膏。若为溴液，用石油醚或酒精擦洗，再用2％硫代硫酸钠溶液洗至伤处呈白色，然后涂上甘油按擦。

（4）中毒

化学药品大多具有不同程度的毒性，如果不小心皮肤或呼吸道接触到有毒药品，造成中毒，则解毒方法要视具体情况而定。

① 腐蚀性毒物。不论强酸或强碱，先饮用大量的温开水。对酸，再服氢氧化铝胶、鸡蛋白；对碱，则服用醋酸，果汁或鸡蛋白。不论酸或碱中毒，都要灌注牛奶，不要服用呕吐剂。

② 刺激性及神经性毒物。可先服牛奶或鸡蛋白使之缓解，再用约30g硫酸镁溶于一杯水中，服用催吐。也可用手按压舌根促使呕吐，随即送医院。

③ 有毒气体。先将中毒者移到室外，解开衣领和纽扣。对吸入少量氯气或溴气者，可用碳酸氢钠溶液漱口。

（5）急救药箱

为了及时处理事故，实验室中应备有急救药箱。箱内配有下列物品：

① 绷带、白纱布、止血膏、医用镊子、药棉、剪刀和橡胶管等。

② 医用凡士林、玉树油或蓝油烃油膏、碘酒、紫药水、酒精、磺胺药物和甘油等。

③ 1％及3％～5％碳酸氢钠溶液、2％硫代硫酸钠溶液、1％醋酸溶液、1％硼酸溶液和硫酸镁等。

（6）消防器材：干粉灭火器、四氯化碳灭火器、砂子、石棉布、毛毡等。

四、有机化学实验常用仪器和设备

1. 普通玻璃仪器

化学实验中经常使用玻璃仪器，这是由于玻璃仪器具有很高的化学稳定性及热稳定性，有很好的透明度及良好的绝缘性能和一定的机械强度；另一方面玻璃原料来源方便，并可以用多种方法按需求制成各种不同的产品。使用时要注意以下几点：

① 使用玻璃仪器时要轻拿轻放。

② 玻璃仪器不能直接加热，需隔热浴或用石棉网（试管除外）。

③ 厚玻璃器皿不耐热（如抽滤瓶），不能用来加热；锥形瓶不能用于减压系统；广口容器（如烧杯）不能贮放有机溶剂；有刻度的计量容器（如量筒）不能高温烘烤。

④ 使用玻璃仪器后要及时清洗、干燥（不急用的，一般以晾干为好）。

⑤ 具有活塞的玻璃仪器清洗后，在活塞与磨口之间应放纸片，以防止粘住。

⑥ 不能用温度计作搅拌棒，温度计用后应缓慢冷却，冷却快了会造成液柱断线。不能用冷水冲洗热温度计，以免炸裂。

有机化学实验常用的普通玻璃仪器见图1-1。在有机化学实验中用过的烧杯、试管等均从略。

2. 磨口玻璃仪器

（1）标准接口玻璃仪器

标准接口玻璃仪器是具有标准磨口或磨塞的玻璃仪器。由于口塞尺寸的标准化、系统化，磨砂密合。凡属于同类规格的接口，均可任意互换，各部件能组装成各种配套仪器。当不同类型规格的部件无法直接组装时，可使用变径接头使之连接起来。使用标准接口玻璃仪器既可免去配塞子的麻烦手续，又能避免反应物或产物被塞子沾污的危险；口塞磨砂性能好，使密合性可达较高真空度，对蒸馏尤其是减压蒸馏有利，对于毒物或挥发性液体的实验较为安全。

标准接口玻璃仪器，均按国际通用的技术标准制造的。标准接口玻璃仪器的每个部件在其口、塞的上或下显著部位均具有明显标记，表明规格。常用的有10，12，14，16，19，24，29，34，40等。

下面是标准接口玻璃仪器的编号与大端直径。

编号	10	12	14	16	19	24	29	34	40
大端直径/mm	10	12.5	14.5	16	18.8	24	29.2	34.5	40

有的标准接口玻璃仪器有两个数字，如10/30，10表示磨口大端的直径为10mm，30表示磨口的高度为30mm。

（2）标准接口玻璃仪器简介

常见的标准磨口玻璃仪器见图1-2。

常见的微型磨口玻璃仪器见图1-3。

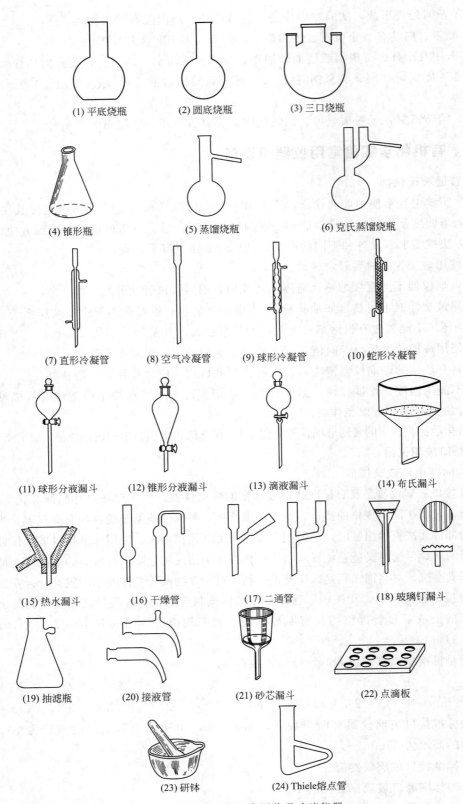

(1) 平底烧瓶   (2) 圆底烧瓶   (3) 三口烧瓶

(4) 锥形瓶   (5) 蒸馏烧瓶   (6) 克氏蒸馏烧瓶

(7) 直形冷凝管   (8) 空气冷凝管   (9) 球形冷凝管   (10) 蛇形冷凝管

(11) 球形分液漏斗   (12) 锥形分液漏斗   (13) 滴液漏斗   (14) 布氏漏斗

(15) 热水漏斗   (16) 干燥管   (17) 二通管   (18) 玻璃钉漏斗

(19) 抽滤瓶   (20) 接液管   (21) 砂芯漏斗   (22) 点滴板

(23) 研钵   (24) Thiele熔点管

图 1-1　有机化学实验常用普通玻璃仪器

(1) 圆底烧瓶　(2) 二口烧瓶　(3) 斜形三口烧瓶　(4) 直形三口烧瓶　(5) 梨形烧瓶

(6) 蒸馏头　(7) 二口接管　(8) 克氏蒸馏头　(9) 接液管

(10) 弯形接液管(105°)　(11) 真空接液管　(12) 三叉接液管　(13) 温度计套管

(14) 弯形干燥管　(15) 蒸馏弯头(75°)　(16) 蒸馏弯管(75°,105°)　(17) 标准接头

(18) 空气冷凝管　(19) 直形冷凝管　(20) 球形冷凝管　(21) 蛇形冷凝管　(22) 韦氏分馏柱

(23) 分水器　(24) 恒压滴液漏斗　(25) 分液漏斗　(26) 搅拌器接口　(27) 螺口接头

图 1-2　有机化学实验常用标准磨口玻璃仪器

(1) 圆底烧瓶　(2) 二口烧瓶　(3) 离心试管（锥底反应瓶）　(4) 蒸馏头　(5) 克氏接头

(6) 空气冷凝管　(7) 直形冷凝管　(8) 微型蒸馏头　(9) 微型分馏头　(10) 锥形瓶

(11) 大小头接头　(12) 抽滤瓶　(13) 玻璃塞　(14) 具指试管　(15) 真空接收器

(16) 干燥管　(17) 真空指形冷凝管（真空冷指）　(18) 温度计套管　(19) 二同旋塞及导气管　(20) 玻璃漏斗及玻璃钉

图 1-3　有机化学实验常用微型磨口玻璃仪器

3. 普通金属仪器

有机实验中常用的金属用具有：铁架台、固定夹、铁夹、铁圈、煤气灯、搅拌棒、三脚架、水浴锅、镊子、剪刀、锉刀、压塞机、打孔器、水蒸气发生器、不锈钢刮刀、升降台等。

（1）铁架台、固定夹、铁夹、铁圈

实验室用铁架台、固定夹及铁夹或铁圈（见图 1-4）来固定和放置仪器。铁架台应端正地放在实验台面上，仪器和铁架台的重心应落在铁架台底盘的中央。固定夹是用来将铁夹固定在铁架台上的，也称双凹夹，固定夹与铁柱联系的口朝前，可调节铁夹上下的位置；固定夹与铁夹联系的口应朝上，可左右前后调节铁夹。铁夹应套上橡皮，可以让仪器夹得既稳又不易损坏。若橡皮老化或脱落应及时更换。安装仪器时，应以仪器不能转动为宜，不能过松或过紧。

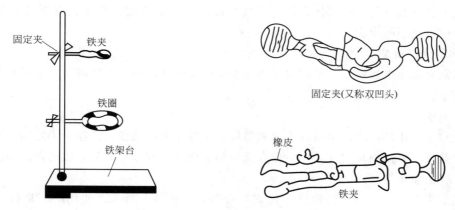

图 1-4　铁架台、固定夹、铁夹、铁圈

（2）煤气灯

煤气灯（见图 1-5）由灯管和灯座组成，灯管下部有螺旋与灯座相连，灯管下部还有几个小圆孔为空气入口。旋转灯管可完全关闭或不同程度地开启圆孔，调节空气的进入量。灯座的侧面有煤气入口，通过橡皮管把煤气导入灯内。灯座下面或侧面有一螺旋形针阀，用以调节煤气的进入量。

点燃煤气灯时，应先顺时针旋转金属灯管，使空气入口关闭，擦燃火柴并放在管口旁，然后稍开煤气开关将灯点燃。调节煤气开关，使火焰保持适当高度。再逆时针旋转灯管导入空气，使煤气燃烧完全，形成淡紫色火焰。煤气燃烧的火焰，可分为焰心、还原焰和氧化焰 3 层。焰心：空气和煤气在这一层混合，温度较低（300～520℃）。还原焰：煤气在这层燃烧不完全，呈蓝色火焰。燃烧时分解为含碳的产物，因此火焰具有还原性，温度较高（1540～1560℃）。氧化焰：煤气在这一层完全燃烧，呈无色火焰。因有过剩的氧，故火焰具有氧化性，温度也较高（1540～1650℃）。

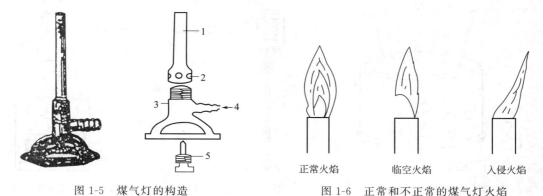

图 1-5　煤气灯的构造
1—灯管；2—空气入口；3—灯座；4—煤气入口；5—针阀

图 1-6　正常和不正常的煤气灯火焰

空气或煤气的进入量不合适时，会产生不正常的火焰（见图 1-6）。当空气和煤气的进入量很大时，火焰脱落金属灯管的管口而临空燃烧，产生临空火焰。当空气进入量很大，而煤气进入量很小或者中途煤气供应减少时，煤气在灯管内燃烧，这时可听到特殊的嘶嘶声和看到管口有细长火焰，这种火焰称为入侵火焰。如果产生临空火焰或入侵火焰，应立即关闭开关，重新进行调节后点燃。

煤气中含有有毒的 CO 气体，使用煤气灯或离开实验室前，都应检查煤气开关是否关好，以免中毒或引起火灾。

4. 其他仪器设备

实验室有很多电器设备，使用时应注意安全，并保持这些设备的清洁，千万不要将药品洒到设备上。

（1）电吹风

实验室中使用的电吹风应可吹冷风和热风，主要是供玻璃仪器快速干燥之用。不宜长时间连续吹热风，以防损坏热丝。用后保存前应加油保养、存放干燥处，以防潮、防腐蚀。

（2）气流烘干器

气流烘干器是一种用于快速烘干仪器的设备，如图 1-7 所示。使用时，将仪器洗干净后，甩掉多余的水分，然后将仪器套在烘干器的多孔金属管上。注意随时调节热空气的温度。气流烘干器不宜长时间加热，以免烧坏电机和电热丝。

（3）烘箱

实验室一般用的是恒温鼓风干燥箱，主要用于干燥玻璃仪器或无腐蚀性、热稳定性好的药品。使用时应先调好温度（烘玻璃仪器一般控制在 $100\sim110℃$）。刚洗好的仪器应将水控干后再放入烘箱中。烘仪器时，将烘热干燥的仪器放在上边，湿仪器放在下边，以防湿仪器上的水滴到热仪器上造成仪器炸裂。热仪器取出后，不要马上碰冷的物体如冷水、金属用具等。带旋塞或具塞的仪器，应取下塞子后再放入烘箱中烘干。

（4）电动搅拌器

电动搅拌器（见图 1-8）用于反应器内搅拌，使用时注意接地，安装端正、无障碍，使转动灵活，应随时检查电动机发热情况，以免超负荷运转而烧坏。不宜用于太黏稠液体的搅拌。用后保存要事先加润滑油，主要防潮、防腐蚀。

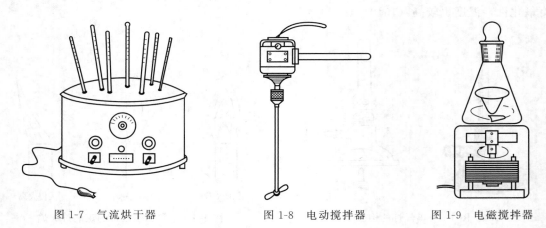

图 1-7 气流烘干器   图 1-8 电动搅拌器   图 1-9 电磁搅拌器

（5）电磁搅拌器

这种搅拌器主要由一个可旋转的磁铁和用玻璃或聚四氟乙烯密封的磁转子组成，仪器附有电热板，转速和温度开关均有专用电位器控制和调节（见图 1-9）。使用时，把磁转子投入反应器内，将反应器置于磁力搅拌器的托盘（电热板）上，接通电源，慢慢开启调速旋钮至合适的速度档即可，用毕后，切断电源，所有旋钮应恢复到零位。注意切勿使水或反应液漏进搅拌器内，以防短路损坏。存放时也应防潮、防腐蚀。

（6）旋转蒸发器

可用来回收、蒸发有机溶剂。由于它使用方便，近年来在有机实验室中被广泛使用。它利用一台电机带动可旋转的蒸发器（一般用圆底烧瓶）、冷凝管、接收瓶，如图 1-10 所示。此装置可在常压或减压下使用，可一次进料，也可分批进料。由于蒸发器在不断旋转，可免加沸石而不会暴沸。同时，液体附于壁上形成了一层液膜，加大了蒸发面积，使蒸发速度加快。使用时应注意：

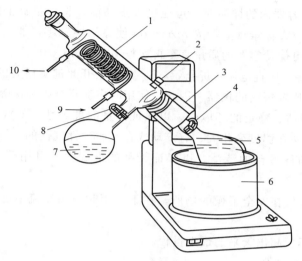

图 1-10　旋转蒸发器

1—冷凝管；2—真空接口；3—变速器；4—夹子；5—蒸发瓶；
6—水浴加热；7—接收瓶；8—夹子；9—进水；10—出水

① 减压蒸馏时，当温度高、真空度低时，瓶内液体可能会暴沸。此时，应转动插管开关，通入冷空气降低真空度即可。对于不同的物料，应找出合适的温度与真空度，以平稳地进行蒸馏。

② 停止蒸发时，先停止加热，再切断电源，最后停止抽真空。若烧瓶取不下来，可趁热用木槌轻敲打，以便取下。

（7）电子天平

电子天平是实验室常用的称量设备，尤其在微量、半微量实验中经常使用。

Scout 电子天平是一种比较精密的称量仪器，其设计精良，可靠耐用（图 1-11）。它采用前面板控制，具有简单易懂的菜单，可自动关机。电源可以采用 9V 电池或随机提供的适

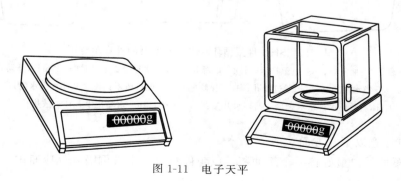

图 1-11　电子天平

配器。

电子天平的使用方法如下。

① 开机。按 rezero on，顺时显示所用的内容符号后一次出现软件版本号和 0.0000g。热机时间为 5min。

② 称量。天平的称量单位是克（g），在天平的称量盘上添加需要称量的样品，从显示屏上读数。

③ 去皮。在称量容器内的样品时，可通过去皮功能，将称量盘上的容器质量从总质量中减去。将空的容器放在称量盘上，按 rozero on 使显示屏置零，加入所称量的样品，天平即显示出净质量，并可保持容器的质量直至再次按 rozero on。

④ 关机。按 mode off 直至显示屏指示 off，然后松开此键实现关机。

电子天平是一种比较精密的仪器，因此，使用时应注意维护和保养：

① 天平应放在清洁、稳定的环境中，以保证测量的准确性。勿放在通风、有磁场或产生磁场的设备附近，勿在温度变化大、有震动或存在腐蚀性气体的环境中使用。

② 请保持机壳和称量台的清洁，以保证天平的准确性，可用蘸有柔性洗涤剂的湿布擦洗。

③ 将校准砝码存放在安全干燥的场所，在不使用时拔掉交流适配器，长时间不用时请取出电池。

④ 使用时，请不要超出天平的最大量程。

（8）循环水多用真空泵

循环水多用真空泵是以循环水作为流体，利用射流产生负压的原理而设计的一种新型多用真空泵，广泛用于蒸发、蒸馏、结晶、过滤、减压和升华等操作中。由于水可以循环使用，避免了直排水的现象，节水效果明显。因此，是实验室理想的减压设备。水泵一般用于对真空度要求不高的减压体系中。图 1-12 为 SHB-Ⅲ型循环水多用真空泵的外观示意图。

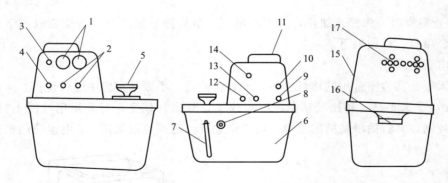

图 1-12　SHB-Ⅲ型循环水多用真空泵的外观示意图

1—真空表；2—抽气嘴；3—电源指示灯；4—电源开关；5—水箱上盖手柄；6—水箱；7—防水软管；
8—溢水嘴；9—电源线进线孔；10—保险座；11—电机风罩；12—循环水出水嘴；
13—循环水进水嘴；14—循环水开关；15—上帽；16—水箱把手；17—散热孔

使用时应注意以下几方面。

① 真空泵抽气口最好接一个缓冲瓶，以免停泵时，水被倒吸入反应瓶中，使反应失败。

② 开泵前，应检查是否与体系接好，然后打开缓冲瓶上的旋塞。开泵后，用旋塞调至所需要的真空度。关泵时，先打开缓冲瓶上的旋塞，拆掉与体系的接口，再关泵。切忌相反操作。

③ 应经常补充和更换水泵中的水，以保持水泵的清洁和真空度。

（9）真空压力表

真空压力表常用来与水泵或油泵连接在一起使用，测量体系内的真空度。常用的压力表有水银压力计和莫氏真空规等，见图 1-13。在使用水银压力计时应注意：停泵时，先慢慢打开缓冲瓶上的防空阀，再关泵。否则，由于汞的密度较大（13.9g·cm^{-3}），在快速流动时，会冲破玻璃管，使汞喷出，造成污染。在拉出和推进汞车时，应注意保护水银压力计。

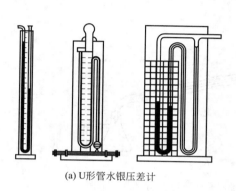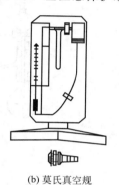

(a) U形管水银压差计　　　　　　　　　(b) 莫氏真空规

图 1-13　压力计

5. 有机实验的常用装置

有机实验的常用装置见图 1-14～图 1-23。

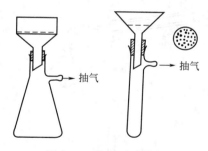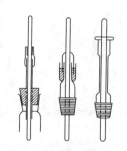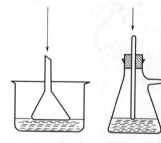

图 1-14　抽气过滤装置　　　图 1-15　搅拌密封装置示例　　　图 1-16　气体吸收装置示例

仪器装配得正确与否，对于实验的成败有很大关系。

首先，在装配一套装置时，所选用的玻璃仪器和配件都要干净的。否则，往往会影响产物的产量和质量。

其次，所选用的器材要适当。例如，在需要加热的实验中，如需选用圆底烧瓶时，应选用质量好的，其容积大小应为所盛反应物占其容积的 1/2 左右为好，最多也应不超过 2/3。

第三，装配时，应首先选好主要仪器的位置，按照一定的顺序逐个地装配起来，先下后上，从左至右。在拆卸时，按相反的顺序逐个的拆卸。

仪器装配要求做到严密、正确、整齐和稳妥。在常压下进行反应的装置，应与大气相通，不能密闭。

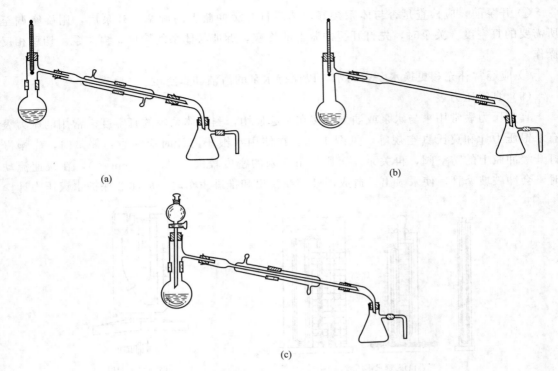

(a)

(b)

(c)

图 1-17 普通蒸馏装置（普通玻璃仪器）示例

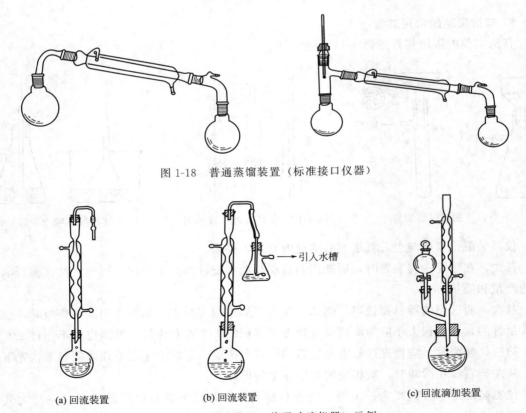

图 1-18 普通蒸馏装置（标准接口仪器）

→ 引入水槽

(a) 回流装置

(b) 回流装置

(c) 回流滴加装置

图 1-19 回流装置（普通玻璃仪器）示例

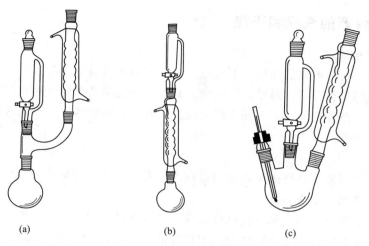

(a)   (b)   (c)

图 1-20　回流滴加装置（标准接口仪器）示例

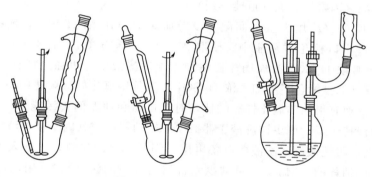

图 1-21　机械搅拌装置示例

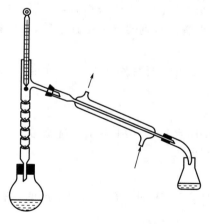

图 1-22　分馏装置图

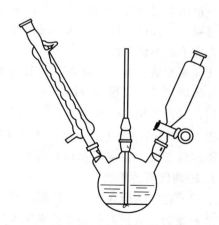

图 1-23　减压蒸馏装置

　　铁夹的双钳内侧贴有橡皮或绒布，或缠上石棉绳、布条等。否则，容易将仪器损坏。

　　总之，使用玻璃仪器时，最基本的原则是切忌对玻璃仪器的任何部分施加过度的压力或扭歪，实验装置的马虎不仅看上去使人感觉不舒服，而且也是潜在的危险。因为扭歪的玻璃仪器在加热时会破裂，有时甚至在放置时也会崩裂。

五、玻璃仪器的洗涤和干燥

1. 玻璃仪器的洗涤

洗涤仪器是一项很重要的操作。不仅是一个实验前必须做的准备工作，也是一个技术性的工作。仪器洗得是否合格，器皿是否干净，直接影响实验结果的可靠性与准确度。不同的分析任务对仪器洁净程度的要求不同，但至少应达到倾去水后器壁上不挂水珠的程度。一般器皿的洗涤步骤如下。

（1）水刷洗

除去可溶物和其他不溶性杂质以及附着在器皿上的尘土，但洗不去油污和有机物。

（2）合成洗涤剂水刷洗

去污粉是由碳酸钠、白土和细沙混合而成。细沙有损玻璃，一般不使用。市售的餐具洗涤灵是以非离子表面活性剂为主要成分的中性洗液，可配成 $1\%\sim2\%$ 的水溶液（也可用 5% 的洗衣粉水溶液）刷洗仪器，温热的洗涤液去污能力更强，必要时可短时间浸泡。

（3）铬酸洗液（因毒性较大尽可能不用）

配制：取 $8gK_2Cr_2O_7$ 用少量水润湿，慢慢加入 $180mL$ 浓 H_2SO_4，搅拌以加速溶解，冷却后贮存于磨口小口棕色试剂瓶中。或取 $20g$ 工业 $K_2Cr_2O_7$，加 $40mL$ 水，加热溶解。冷却后，将 $360mL$ 浓 H_2SO_4 沿玻璃棒慢慢加入上述溶液中，边加边搅拌。冷却后，转入棕色细口瓶备用。（如呈绿色，可加入浓 H_2SO_4 将三价铬氧化后继续使用。）

使用：铬酸洗液有很强的氧化性和酸性，对有机物和油垢的去污能力特别强。洗涤时，被洗涤器皿尽量保持干燥，倒少许洗液于器皿中，转动器皿使其内壁被洗液浸润（必要时可用洗液浸泡），然后将洗液倒回洗液瓶以备再用（颜色变绿即失效，可加入 $KMnO_4$ 使其再利用）。这样，实际消耗的 $KMnO_4$，可减少六价铬对环境的污染），再用水冲洗器皿内残留的洗液，直至洗净为止。

不论用上述哪种方法洗涤器皿，最后都必须用自来水冲洗，当倾去水后，内壁只留下均匀一薄层水。如壁上挂着水珠，说明没有洗净，必须重洗。直到器壁上不挂水珠，再用蒸馏水或去离子水淋洗三次。

洗液对皮肤、衣服、桌面、橡胶等都有腐蚀性，使用时要特别小心。六价铬对人体有害，又污染环境，应尽量少用。

（4）碱性 $KMnO_4$ 洗液

将 $4g$ $KMnO_4$ 溶于少量水，加入 $10g$ $NaOH$，在加水至 $100mL$。主要洗涤油污、有机物。浸泡后器壁上会留下 MnO_2 棕色污迹，可用 HCl 洗去。

2. 玻璃仪器的干燥

不同的化学实验操作，对仪器是否干燥和干燥程度要求不同。有些可以是湿的，有些则要求是干燥的。应根据实验要求来干燥仪器。

① 自然晾干：仪器洗净后倒置，控去水分，自然晾干。

② 烘干：$110\sim120℃$ 烘 $1h$。置于干燥器中保存（量器类除外）。

③ 烤干：烧杯和蒸发皿可以放在石棉网上用小火烤干。试管可直接用小火烤干，操作时应将试管口向下，并不时来回移动试管，待水珠消失后，将试管口朝上，以便水汽逸出。

④ 用有机溶剂干燥：带有刻度的计量仪器，不能用加热的方法进行干燥，因为它会影响仪器的精密度。可以加一些易挥发的有机溶剂（最常用的是酒精和丙酮）在洗净的仪器内，转动仪器使容器中的水与其混合，倾出混合液（回收），晾干或用电吹风将仪器吹干（不能放在烘箱内干燥）。

带有刻度的容器不能用加热的方法进行干燥，一般可采用晾干或有机溶剂干燥的方法，吹风时宜用冷风。

3. 磨口玻璃仪器的保养

使用标准接口玻璃仪器注意事项：

① 标准口塞应经常保持清洁，使用前宜用软布擦拭干净，但不能附上棉絮。

② 使用前在磨砂口塞表面涂以少量真空油脂或凡士林，以增强磨砂接口的密合性，避免磨面的相互磨损，同时也便于接口的拆装。

③ 装配时，把磨口和磨塞轻微地对旋连接，不宜用力过猛。但不能装得太紧，只要达到润滑密闭要求即可。

④ 用后应立即拆卸洗净。否则，对接处常会粘牢，以致拆卸困难。

⑤ 装拆时应注意相对的角度，不能在角度偏差时进行硬性装拆。否则，极易造成破损。

⑥ 磨口套管和磨塞应该是由同种玻璃制成的，迫不得已时，采用膨胀系数较大的磨口套管。

六、有机化学实验的预习、记录和实验报告

1. 实验预习

有机化学实验课是一门综合性的理论联系实际的课程，同时，也是培养学生独立工作的重要环节，因此，要达到实验的预期效果，必须在实验前认真地预习好有关实验内容，做好实验前的准备工作。

实验前的预习，归结起来是看、查、写。

看：仔细地阅读与本次实验有关的全部内容，不能有丝毫的粗心和遗漏。

查：通过查阅手册和有关资料来了解实验中要用到或可能出现的化合物的性能和物理常数。

写：在看和查的基础上写好预习笔记。每个学生都应准备一本实验预习的笔记本。预习笔记内容包括如下。

① 实验目的和要求，实验原理和反应式。需用的仪器和装置的名称及性能，溶液浓度和配置方法，主要试剂和产物的物理常数，主要试剂的规格用量（g、mL、mol）等。

② 阅读实验内容后，根据实验内容用自己的语言正确写出简明的实验步骤，（不能照抄！）关键之处应注明。步骤中的文字可用符号简化。例如，化合物只写分子式：克用"g"，毫升用"mL"，加热用"△"，加物用"＋"，沉淀用"↓"，气体逸出用"↑"；仪器以示意图代之。这样在实验前已形成了一个工作提纲，实验时按此提纲进行。

③ 合成实验应列出粗产物纯化过程及原理。

④ 对于将要做的实验中可能会出现的问题（包括安全和实验结果），要写出防范措施和解决方法。

2. 实验记录

实验时应认真操作，仔细观察，积极思考，并且应不断地将观察到的实验现象及测得的各种实验数据及时、如实地记录在笔记本上。记录必须做到简明、扼要，字迹整洁。实验完毕后，将实验记录交教师审阅。

3. 实验报告

实验报告是总结实验进行的情况，分析实验中出现的问题，整理归纳实验结果必不可少的基本环节，把直接的感性认识提高到理性思维阶段的必要一步，因此必须认真地做好实验报告。实验报告的格式如下。

（1）性质实验报告

实验题目

一、实验目的和要求

二、实验原理

三、操作记录

步　　骤	现　　象	解释和反应式

四、讨论

（2）合成实验报告

实验题目

一、实验目的和要求

二、实验原理及反应式

三、主要仪器与药品

四、实验内容及装置图

实验步骤、粗产品的制备、粗产品精制、产量、计算产率

五、注意事项

六、问题讨论

最后注意，实验报告只能在实验完毕后报告自己的实验情况，不能在实验前写好。实验后必须交实验报告。报告中的问题讨论，一定是自己实验的心得体会和对实验的意见、建议。通过讨论来总结和巩固在实验中所学的理论和技术，进一步培养分析问题和解决问题的能力。

七、化学试剂的一般知识

1. 化学试剂的分类

化学试剂种类很多，通常分为四大类：一般试剂、标准试剂、高纯试剂和专用试剂。实验室普通使用的试剂是一般试剂，根据纯度常分为一至四级试剂和生化试剂。一般试剂的规格和使用的范围可见表1-1。标准试剂是用于衡量其他物质化学量的标准物质，其特点是纯度高、准确可靠，由指定的专业试剂厂生产。高纯试剂杂质含量极低，主要用于微量分析中试样的分解及试液的制备。专用试剂是一些特殊用途的试剂，如薄层色谱试剂，核磁共振试剂等为专业试剂。

表 1-1　一般试剂的规格和使用范围

试剂级别	中文名称	英文符号	使用范围	标签颜色
一级	优级纯	G. R.	精密分析实验	绿色
二级	分析纯	A. R.	一般化学分析	红色
三级	化学纯	C. P.	一般化学实验	蓝色
四级	实验试剂	L. R.	一般化学实验辅助试剂	棕色
生化试剂	生化试剂 生物颜色剂	B. R.	生化实验 医用化学实验	咖啡色 （染色剂：玫瑰红）

2. 化学试剂的选用和管理

选择使用试剂的类别是有依据的，既不能有什么就用什么，不加选择，也不是越纯越好，需要根据不同的实验要求来确定。通常进行痕量分析多采用一级试剂，以降低空白值和杂质干扰；做仲裁分析或试剂检验可选用一、二级试剂；实验室中的多数实验可用二、三级试剂；某些制备或实验辅助可以使用三、四级试剂。试剂级别不同价格相差很大，在要求不是很高的实验中使用高纯度试剂，是一种很大的浪费。但是高精度实验中如果使用试剂纯度不够，则无法达到实验要求。所以既不能以粗品代替纯品，也不能用纯品代替粗品。应根据节约和适当的原则，按照实验的具体要求确定所需使用试剂。选用试剂时，在满足实验要求的前提下，不仅要兼顾试剂成本，还应该考虑试剂毒性等因素，应尽可能避免造成实验人员的伤害及其对环境的污染。

化学试剂在管理时要注意安全，特别是注意防火、防水、防挥发、防曝光和防变质。保管不当，不仅会造成试剂的损失，有时还会造成重大的人身伤害。化学试剂的保存，应根据试剂的毒性、易燃性、腐蚀性和潮解性等各不相同的特点，采取相应的保管方式。

一般单质和无机盐类的固体应放在试剂柜内，无机试剂要与有机试剂分开存放。危险性试剂应严格管理，要有专人负责，并有详细的使用记录。剧毒试剂有严格的审批制度。

固体试剂应保存在广口瓶内，液体试剂盛放在细口瓶或滴瓶内，见光易分解的试剂应盛放在棕色瓶中。易燃液体保存处要注意阴凉通风，注意远离明火。氧化剂一定不能与还原性物质或可燃物放在一起，存放处应阴凉通风。

第二章

有机化学实验基本操作技术

Chapter 02

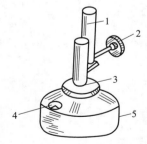

实验1　简单玻璃工操作

一、实验目的

1. 了解酒精喷灯的构造，学会正确使用酒精喷灯。

2. 学会截、弯、拉、熔光玻璃管（棒）的基本操作。

3. 学会塞子钻孔的基本操作。

二、主要仪器

酒精喷灯、三角锉、钻孔器、石棉网、压塞机、玻璃管、玻璃棒、橡皮塞、软木塞。

三、实验内容

玻璃的加工技术很多，最基本的如用玻璃管制作弯管、滴管等。熟悉简单的玻璃加工操作，可以解决实际工作中许多非标准仪器的制作问题。

1. 酒精喷灯的使用

常用的酒精喷灯如图 2-1。座式喷灯的酒精则贮存在灯座内。酒精喷灯的温度可达 700～1000℃。

酒精喷灯的使用方法如下。

① 使用前首先用探针捅一捅酒精蒸气出口，以保证出口畅通；

② 借助小漏斗向酒精壶内添加酒精，添加量以不超过酒精壶容积 2/3 为宜；

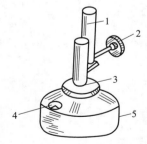

图 2-1　座式酒精喷灯

1—灯管；2—空气调节器；3—预热盘；4—铜帽；5—酒精壶

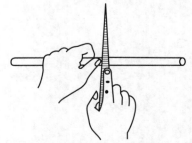

图 2-2　玻璃管的锉痕

③ 往预热盘注入一些酒精，点燃酒精使灯管受热，待酒精接近燃完且在灯管口处有火焰时，上下移动调节器调节火焰；

④ 用完后，用石棉网或硬质板盖灭火焰，也可以将调节器上移来熄灭火焰。若长期不用，须将酒精壶内剩余的酒精倒出。

2. 玻璃管（棒）的加工操作

（1）截断

取一玻璃管平放在桌面上，用锉刀的棱在左手拇指按住玻璃管的地方用力向一个方向锉（不要来回锉），锉出一道凹痕，见图 2-2。锉出的凹痕应与玻璃管垂直，以保证折断后的玻璃管截面是平整的。然后双手持玻璃管（凹痕向外），两拇指齐放在凹痕的背面外推，同时两手向外拉以折断玻璃管，见图 2-3。若截面平整，则操作合格。玻璃棒的截断操作步骤与玻璃管是相同的。

图 2-3　玻璃管（棒）的截断过程

（2）熔光

玻璃管的截断面很锋利，容易把手划破，且难以插入塞子的孔内，所以必须在氧化焰中熔烧。把玻璃管截断面置入氧化焰中熔烧时，玻璃管与火焰的夹角一般为 45°，并缓慢地转动玻璃管使熔烧均匀，直到管口变成红热平滑为止，见图 2-4。灼烧后的玻璃管，应放在石棉网上冷却，不可直接放在实验台上，以免烧焦台面。

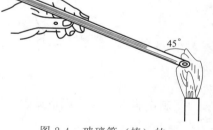

（3）制作

制作长 18cm 的玻璃管三支；制作长 16cm 的玻璃棒两支。

3. 弯曲玻璃管的操作

（1）烧管

先将玻璃管需要弯曲的部位预热一下。然后双手持玻璃管，将要弯曲的地方斜插入喷灯的氧化焰中，以增大玻璃管的受热面积，见图 2-5。缓慢而均匀地转动玻璃管（两手用力要均等，转速缓慢一致，防止玻璃管在火焰中扭曲）。待玻璃管加热到发黄变软时，即可移离火焰。

图 2-4　玻璃管（棒）的熔光过程

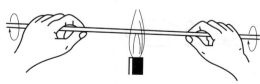

图 2-5　玻璃管（棒）的烧软过程

（2）弯管

自火焰中取出玻璃管，稍等一两秒钟，使各部温度均匀。双手持玻璃管的两端，同时向上合拢，将其弯成所需的角度，见图 2-6。弯好后，待其冷却变硬后再把它放在石棉网上继续冷却。冷却后，应检查其角度是否准确，整个玻璃管是否处在同一个平面上，见图2-7。

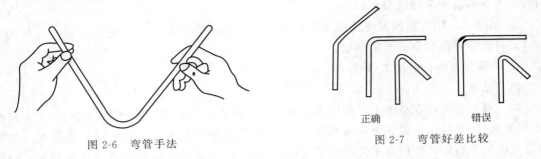

图2-6 弯管手法　　　　　　　　　　　图2-7 弯管好差比较

120°以上的角度，可以一次弯成。较小的锐角可以分几次弯成，先弯成一个较大的角度，然后在第一次的受热部位的偏左、偏右处进行第二次加热和弯曲、第三次加热和弯曲，直到弯成所需的角度为止。

（3）制作

制作三支分别弯曲成120°、90°、60°角度的玻璃管。

4. 拉玻璃管的操作

① 拉细玻璃管时加热玻璃管的方法与弯玻璃管时基本上一致，拉细玻璃管技术的关键是使加热的各部分受热均匀，当玻璃管烧到红黄软化状态时才移离火焰，然后顺着水平方向边拉边来回转动玻璃管，见图2-8，当拉到所需的细度和长度时，一手持玻璃管，使玻璃管垂直。冷却后，可按需要截断。

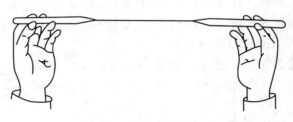

图2-8 拉管手法

② 制作滴管两支。规格见图2-9。

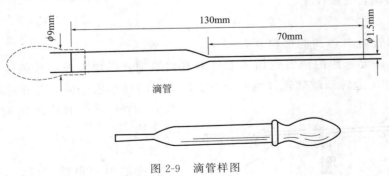

图2-9 滴管样图

5. 塞子钻孔

① 需要钻孔的塞子有：软木塞、橡皮塞。软木塞易被酸、碱所损坏，但与有机物作用较小。橡皮塞可以把瓶子塞得严密，并可以耐强碱性物质的侵蚀，但它易被强酸和某些有机

溶剂（如汽油、苯、氯仿、丙酮、二硫化碳等）所侵蚀，所以应依据容器中所装的物质的性质来选择不同的塞子。另外，塞子的大小应与仪器的口径相适合，塞子塞进瓶口或仪器口的部分不能少于塞子本身高度的1/2，也不能多于2/3。

实验时，有时需要在塞子上安装温度计或插入玻璃管，所以需要在软木塞和橡皮塞上钻孔。钻孔器是一组直径不同的金属管，一端有柄，另一端很锋利，可用来钻孔。另外还有一个带圆头铁条，用来捅出钻孔时进入钻孔器中的橡皮或软木。

② 钻孔的步骤如下：选择一个要插入橡皮塞子的玻璃管的管径略粗一点的钻孔器。将塞子的小头向上，放置在操作台面上，左手拿住塞子，右手按住钻孔器的手柄，在选定的位置上沿着一个方向垂直地边转边下钻。待钻到一半深时，反方向旋转并拔出钻孔器，并用小铁条捅出钻孔器中的橡皮。把橡皮塞换一头，对准原孔的方向按同样的操作钻孔，直到打通为止，见图2-10。

打软木塞的方法和橡皮塞基本一致，只是钻孔前先用压塞机，见图2-11。把软木塞压实，以免钻孔时钻裂。其次，选择钻孔器的直径应比玻璃管略细一些，因为软木塞没有橡皮塞那样大的弹性。

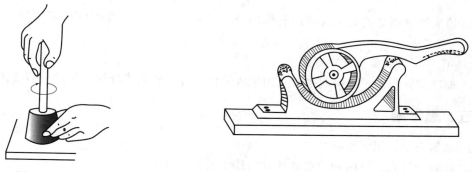

图 2-10 钻孔法　　　　　　　　图 2-11 压塞机

钻完孔后，检查玻璃管和塞孔是否合适。若塞孔太小，可用圆锉把孔锉大一些，再进行实验，直到大小合适为止。如果玻璃管毫不费力地插入塞孔，塞子和玻璃管间不够严密，则要换塞子重新钻孔。

③ 若要装配洗瓶，还需将玻璃导管与塞子连接起来，操作步骤如下：按要求制作好玻璃导管，并依容器口的直径选好塞子打孔。装配洗瓶时，先用右手拿住导管靠近管口的部位，并用少许去离子水将管口润湿，然后左手拿住塞子，将导管慢慢地旋转插入塞子，见图2-12(a)，并穿过塞孔至所需留的长度为止。也可以用布包住导管，将导管塞入塞孔，见图2-12(b)。如果用力过猛或手持玻璃导管离塞子太远，都有可能使玻璃导管折断，刺伤手掌。

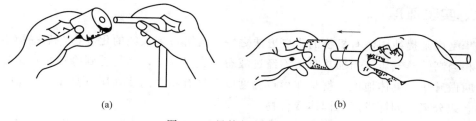

(a)　　　　　　　　　　　　(b)

图 2-12 导管与塞子的连接

④ 练习钻孔。分别给一个橡皮塞和一个软木塞钻孔。

⑤ 装配洗瓶。按图 2-13 或图 2-14 装配玻璃洗瓶或塑料洗瓶一个。

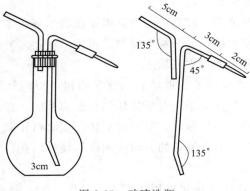

图 2-13　玻璃洗瓶　　　　　　　　　　　　　图 2-14　塑料洗瓶

四、注意事项

1. 熄灭酒精喷灯的火焰时要用石棉网或硬质板盖灭火焰，也可以将调节器上移来熄灭火焰。

2. 90°、60°角度要分几次弯成。

3. 玻璃导管与塞子连接起来时要用水将管口润湿，然后将导管慢慢地旋转插入塞子。

五、思考题

1. 如何安全使用酒精喷灯？

2. 截断、熔光、弯曲和拉细玻璃管的技术关键是什么？

3. 如何弯曲小角度的玻璃管？

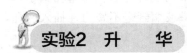

实验2　升　　华

一、实验目的

1. 了解升华的基本原理和意义。

2. 掌握用升华法提纯有机物的操作技术。

二、实验原理

升华是用来提纯固体有机物的重要方法之一，且可得到很纯的化合物。某些物质在固态时具有相当高的蒸气压，当加热时，不经过液态而直接气化，蒸气受到冷却又直接冷凝为固体，这叫做升华。具体地说，就是在熔点温度以下具有相当高蒸气压（高于 2.67kPa）的固态物质，或分离不同挥发度的固体混合物。

物质的固态、液态、气态的三相图如图 2-15 所示，O' 为三相点，三相点以下不存在液态。$O'A$ 曲线表示固相和气相之间平衡时的温度和压力。因此，升华应在三相点温度以下进行操作。三相点温度和熔点温度有些差别但差别很小。表 2-1 是几种固态物质在其熔点时的蒸气压。

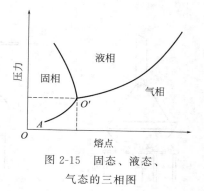
图 2-15　固态、液态、气态的三相图

若固体的蒸气压在熔点之前已达到大气压时，该物质很适宜在常压下用升华法进行纯化处理。例如，樟脑在 160℃时的蒸气压为 29170.9Pa。即未达熔点（179℃）前就有很高的蒸气压。只要慢慢加热，温度不超过熔点，未熔化就已成为蒸气。遇冷就凝结成固体，这样的蒸气压长时间维持在 49329.3Pa 下，至樟脑蒸发完为止，即是樟脑的升华。

表 2-1　固体化合物在其熔点时的蒸气压

化合物	固体在熔点时的蒸气压/Pa	熔点/℃	化合物	固体在熔点时的蒸气压/Pa	熔点/℃
樟脑	49329.3	179	苯甲酸	800	122
碘	11999	114	p-硝基苯甲醛	1.2	106
萘	933.3	80			

用升华法提纯固体，必须满足以下两个必要条件：

① 被纯化的固体要有较高的蒸气压。

② 固体中杂质的蒸气压与被纯化固体的蒸气压有明显的差异。

升华法特别适用于纯化易潮解及与溶剂易起解离作用的物质。经升华得到的产品一般具有较高的纯度。但它只适用于在不太高的温度下有足够大的蒸气压的固体物质，因而有一定的局限性。实验室里，只用于较少量物质的纯化。

三、主要仪器和药品

1. 仪器

蒸发皿、普通漏斗、滤纸、酒精灯、石棉网、棉花、吸滤管、指形水冷凝管、泵。

2. 药品

樟脑（粗）。

四、实验内容

1. 常压升华装置

常压升华装置主要是由蒸发皿和普通漏斗组成，装置见图 2-16 所示。

把待精制的物质放入蒸发皿中。用一张扎有若干小孔的圆滤纸盖住，漏斗倒扣在蒸发皿上，漏斗颈部塞一团疏松棉花，见图 2-16(a)。在沙浴或石棉网上加热蒸发皿，逐渐升高温度，使待精制的物质汽化——升华，蒸气通过滤纸孔，遇漏斗内壁、冷凝成晶体，并附着在漏斗内壁及滤纸上（滤纸上的小孔是防止升华后的物质落回蒸发皿中）。将产品刮下，即得纯净产品。称量、计算产率。

当有较大量的物质需要升华时，可在烧杯中进行。原理与上相同。烧杯上放置一个

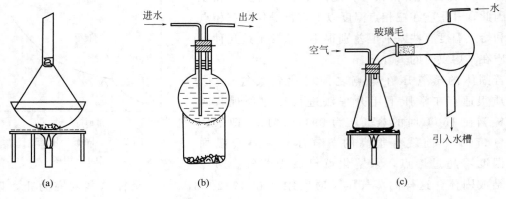

(a)   (b)   (c)

图 2-16　常压升华装置

通冷凝水的圆底烧瓶，使蒸气在烧瓶底部凝结成晶体并附着在烧瓶底部，见图 2-16（b）。最终收集纯净产品称量，计算产率。当需要通入空气或惰性气体进行升华时，可用装置见图 2-16（c）。

2. 减压升华装置

减压升华装置主要用于少量物质的升华。装置主要有吸滤管、指形水冷凝管和泵组成，装置如图 2-17 所示。

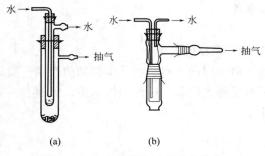

(a)   (b)

图 2-17　少量物质的减压升华装置

减压升华装置是将欲升华物质放在吸滤管内，然后再在吸滤管上用橡皮塞固定一指形水冷凝管，内通冷凝水，然后再使吸滤管置于油浴或油泵抽气减压，使物质升华。升华物质蒸气因受冷凝水冷却，凝结在指形水冷凝管底部，达到纯化目的。图 2-17（a）为非磨口仪器，图 2-17（b）接头部分为磨口的，实用更方便。

3. 樟脑的常压升华

取少量（1~2g）粗樟脑固体，研细，放入蒸发皿内，按图 2-16（a）装置装好，加热时用小火隔石棉网（或用沙浴等其他热浴）缓缓加热（保持温度在 179℃ 以下），达到一定温度，开始升华，待全部升华完毕后，将升华后的樟脑收集，称量，计算产率。纯样品可倒入指定的回收瓶中。

五、注意事项

1. 可在石棉网上铺一层厚约 1cm 的细沙代替沙浴。
2. 用小火加热必须留心观察，当发觉开始升华时，小心调节火焰，让其慢慢升华。

六、思考题

1. 什么叫升华？升华法的优缺点各是什么？
2. 利用升华提纯固体有机物应具备什么条件？

实验3 熔点（微量法）测定

一、实验目的

1. 了解熔点测定的意义。
2. 掌握熔点测定的方法。
3. 了解利用对有机化合物的熔点测定校正温度计的方法。

二、实验原理

固体物质在大气压下加热熔化时的温度称为熔点，严格地说，熔点是物质固液两相在大气压下平衡共存时的温度。纯粹的固体有机物一般都有固定的熔点，即在一定压力下，固液两相之间的变化是非常敏锐的，自初熔至全熔的温度变化范围叫熔程，纯物质的熔程一般为 $0.5 \sim 1 ℃$。当物质混有少量杂质时，则熔点会下降，熔程增大，对于纯粹的固体有机物来说，熔点是一个很重要的物理常数，熔点测定可鉴定纯粹的有机物，同时根据熔程长短又可定性地看出该化合物的纯度。

如果两种物质具有相同或相近的熔点，可以通过测定其混合物熔点来判断它们是否为同一物质，因为相同的两种物质以任何比例混合时，其熔点不变，相反两种不同物质的混合物，通常熔点下降，熔程增大，这种鉴定方法叫混合熔点法。

熔点测定目前使用较广泛的是毛细管法，此法仪器简单，方法简便，依靠管内传热溶液的温度差而产生对流，不需人工搅拌。测定结果虽略高于真实值，但仍可满足一般的实验要求。另外还有显微镜式微量熔点测定法和数字熔点仪法。显微镜式微量熔点测定法的优点是，可以测定微量样品的熔点；测量范围较宽（从室温至 350℃）；能够观察到样品在加热过程中的变化，如结晶水脱水，晶体变化及样品分解等。

三、主要仪器和药品

1. 仪器

b 形管（Thiele tube）、毛细管、玻璃管、表面皿、温度计、酒精灯。

2. 药品

苯甲酸、桂皮酸、液体石蜡。

四、实验内容

1. 毛细管法测熔点

（1）熔点管的制备

通常采用的熔点管为长约 $70 \sim 80mm$，直径 $1 \sim 1.5mm$ 的一端封闭的毛细管，此管可以购买，也可以截取适当长度、直径的玻璃管熔封住一端的管口而制得。

（2）样品的填装

取 $0.1 \sim 0.2g$ 干燥样品放在干净的表面皿或玻璃片上，研成粉末状，聚成小堆，将熔点管开口端插入粉末中数次，将试剂装入熔点管中，另外取一支长约 40cm 的玻璃管立于倒扣的表面皿上，将已装好样品的熔点管开口朝上，从玻璃管上端自由落下，将样品震落到熔点管底部，重复几次，直至样品的高度约为 2～3mm。

（3）仪器装置

如图 2-18 所示，将提勒管（ThieLe）又称 b 形管固定在铁架台上，提勒管内倒入热浴液，使热浴液的液面略高于 b 形管的上侧管即可，用温度计水银球蘸取少量浴液，将装好样品的熔点管小心黏附在温度计旁，也可用橡皮筋固定，熔点管中样品处于温度计水银球的中部。温度计用缺口的单孔软木塞固定在 b 形管上。橡皮筋不应接触热浴液，温度计的水银球在 b 形管两侧管中间。

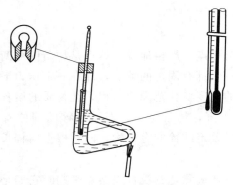

图 2-18　熔点测定装置　　　　　　　　　图 2-19　双浴式熔点测定器

有时也用双浴式熔点测定器，见图 2-19。用双浴式熔点测定器测熔点时，热浴隔着空气（空气浴）将温度计和样品加热，使它们受热均匀，效果较好，但温度上升较慢。

（4）熔点的测定

① 粗略测定熔点。如图 2-18 所示进行加热，对于测定未知物的熔点，要先粗略测定再精确测定，粗略测定时采用快速升温的办法，升温速度为每分钟 4～5℃，直至样品熔化，记下此时温度计读数，供精确测定熔点时参考。

② 精确测定熔点。粗测后让浴液冷却至浴液温度低于粗测熔点 20～30℃，换上一根新的样品管，进行精确测定。开始升温速度可以稍快，接近熔点约 5℃时，使温度上升每分钟不超过 1℃。此时注意观察熔点管中样品的变化。当熔点管中的样品开始塌落，湿润，出现小液滴时，表明样品开始熔化，记下此时温度（始熔温度），继续微热至固体全部消失，变为透明液时，记下此时温度（全熔温度），此范围即为样品的熔点范围（熔程）。

实验结束，将温度计取出，放在石棉网上自然冷却至室温，用废纸擦去浴液，再用水冲洗，热浴液冷却后倒回原瓶中。

按上述步骤测定下列样品的熔点：
① 苯甲酸的熔点（粗测一次，精测两次）。
② 苯甲酸与桂皮酸的混合物（1∶1）的熔点（粗测一次，精测两次）。

2. 其他熔点测定方法

实验中常用测定熔点的方法还有显微熔点测定法。

显微熔点测定仪（图 2-20）测定熔点时，先将洁净干燥的载玻片放在一个可移动的支持器内，将微量样品研细放在载玻片上。样品不能堆积，用另一载玻片盖住样品。调节支持器的把手，使样品位于电热板中心的孔洞。再用一带砂边的圆玻璃盖盖住加热台。调节镜头焦距，使样品清晰可见。开启加热器，用调压器调节加热速度。当温度接近样品熔点时，控制温度上升速度为每分钟不超过1℃，仔细观察样品变化。当结晶棱角开始变圆时，表明样品开始熔化。结晶形状完全消失时，表明完全熔化。记录始熔及全熔的温度。

测完熔点后停止加热。在载玻片稍凉，用镊子取走圆玻璃盖及载玻片。将一厚铝板放在加热板上，加快散热速度，以备重复测定。

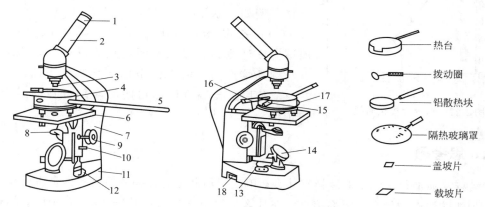

图 2-20 X形显微熔点测定仪示意图

1—目镜；2—棱镜检偏部件；3—物镜；4—热台；5—温度计；6—载热台；7—镜身；8—起偏振件；9—粗动手轮；10—止紧螺丝；11—底座；12—波段开关；13—电位器旋钮；14—反光镜；15—拨动圈；16—上隔热玻璃；17—地线柱；18—电压表

该法测熔点的优点是可测微量样品的熔点，也可测高熔点的样品，又可细致观察样品在加热过程中的变化情况如升华、分解、脱水和多晶形物质的晶形转化等。

3. 数字熔点仪法

见图 2-21，该熔点仪采用光电检测，数字温度显示等技术，具有始熔、全熔自动显示，可与记录仪配合使用，具有熔化曲线自动绘制等功能。

五、注意事项

1. 有时两种熔点相同的不同物质混合后，熔点可能维持不变，也可能上升，这种现象可能与生成新的化合物或存在固溶体有关。

2. 熔点管必须要洁净。样品粉碎要细，填充要实，否则产生空隙，不易传热，造成熔程变大。

3. 若无 b 形管时，也可用双浴式熔点测定器代替。

4. 不能将已用过的熔点管冷却、固化后重复使用。因为某些物质会发生部分分解，或转变成具有不同熔点的其他晶体。

5. 固定用的橡皮筋不可以浸入热浴液中。

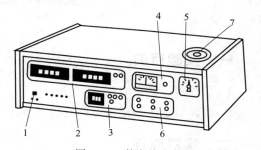

图 2-21 数字熔点仪

1—电源开关；2—温度显示单元；3—起始温度设定单元；4—调零单元；5—速率选择单元；6—线形升降温控制单元；7—毛细管插口

六、温度计的校正

为了精确测量熔点，须对温度计进行校正，普通温度计的刻度是在温度计的水银线全部

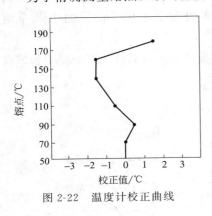

图 2-22　温度计校正曲线

受热的情况下刻出来的，而我们在使温度计时，仅将温度计的一部分插入热液中，另一部分露在液面外，这样测定势必产生误差，因此要校正。

校正温度计时，可选择多种已知熔点的纯有机化合物，例如：水-冰（0℃），二苯胺（54～55℃），萘（80℃），乙酰苯胺（114.3℃），苯甲酸（122℃）。用该温度计测其熔点以实测熔点为纵坐标，以实测熔点与标准熔点的差值为横坐标，绘制校正曲线，见图 2-22，凡用这支温度计测得的温度均可在曲线上找到校正值。

七、思考题

1. 若样品研磨得不细，对装样有什么影响？对所测定有机物的熔点数据是否可靠？

2. 加热的快慢为什么会影响熔点？在什么情况下加热可以快一些，而在什么情况下加热则要慢一些？

3. 是否可以使用第一次测定熔点是已经熔化了的有机物在作第二次测定呢？为什么？

4. 测定熔点的影响因素有哪些？

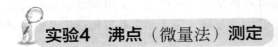

实验4　沸点（微量法）测定

一、实验目的

1. 了解沸点测定的意义。
2. 掌握微量法测定沸点的原理和方法。

二、实验原理

纯的液体化合物都具有一定的沸点，而且沸程也很小（0.5～1℃），通过测定某有机化合物的沸点，可以鉴别有机化合物和判别物质的纯度，也可以对有机物进行分离、纯化，因此沸点是重要的物理常数之一。

在液体受热时，其饱和蒸气压升高，当饱和蒸气压与大气压相等时，开始有大量气泡不断地从液体内部逸出来，液体开始沸腾，这时液体的温度就是该化合物的沸点。物质的沸点与其所受的大气压有关，气压增大，液体沸腾时的蒸气压加大，沸点升高；相反，气压减小，则沸腾时的蒸气压也下降，沸点降低。沸点测定分常量法与微量法两种，常量法的装置与蒸馏操作相同，装置见图 2-23，这种方法试剂用量为 10mL 以上，若样品不多，可采用微

量法。这里我们重点介绍微量法测定沸点。

三、主要仪器和药品

1. 仪器
150℃温度计、橡皮管、毛细管等。

2. 药品
待测样品（如：四氯化碳）、液体石蜡等。

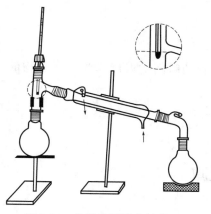

图 2-23　常量法测沸点的装置

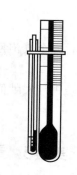

(a) 沸点管附着在温度计上的位置

(b) b形管测沸点装置

图 2-24　微量法测沸点装置

四、实验内容

　　微量法测定沸点的装置与测熔点装置相同，如图 2-24 所示，取 1～2 滴待测液置于长 80～90mm，直径 4～5mm 的沸点外管中，把一支长约 90～95mm 直径约 1mm 的毛细管（内管）一端烧熔封闭，把封闭的一端朝上放入沸点外管中，并让开口处浸入待测液中，用橡皮筋将沸点外管附于温度计上，使沸点外管底部与温度计水银球底部平齐，将固定好沸点外管的温度计放入浴液中即可进行加热。加热时，由于气体膨胀，内管中会有小气泡缓缓逸出，在到达该液体的沸点时，将有一连串的小气泡连续冒出，此时立刻停止加热，使浴液自行冷却，仔细观察，当最后一个气泡刚欲冒出又缩回至内管时，表示毛细管内的蒸气压与外界压力相等，立刻记录温度计的读数，此温度为该液体的沸点。

　　一些常用标准化合物样品的沸点见表 2-2。

表 2-2　一些常用标准化合物样品的沸点

化合物名称	沸点/℃	化合物名称	沸点/℃
溴乙烷	38.4	氯苯	131.8
丙酮	56.1	溴苯	156.2
氯仿	61.3	环己醇	161.1
四氯化碳	76.8	苯胺	184.5
乙醇	78.2	苯甲酸甲酯	199.5
苯	80.1	硝基苯	210.9
水	100.1	水杨酸甲酯	223.0
甲苯	110.0	对硝基甲苯	238.3

五、注意事项

1. 有一定沸点的物质不一定都是纯物质，有些二元或三元共沸物也有一定的沸点，如 95.57% 的乙醇和 4.43% 的水组成的二元共沸混合物，其沸点是 78.17℃。

2. 样品用量不宜过多。

3. 沸点外管底部与温度计水银球底部平齐。

4. 当有一连串的小气泡连续冒出，立刻停止加热，使浴液自行冷却，仔细观察，最后一个气泡刚欲冒出又缩回至内管时，立即读温度。

六、思考题

1. 用微量法测定沸点，把最后一个气泡刚欲缩回至内管的瞬间的温度作为该化合物的沸点，为什么？

2. 你所测得的某液体的沸点是否与文献值一致？为什么？

实验5　重结晶和过滤

一、实验目的

1. 学习重结晶提纯固体有机化合物的原理和方法。
2. 掌握用水、单一有机溶剂和混合溶剂重结晶提纯有机物的基本操作方法。
3. 掌握抽滤、热滤操作和滤纸折叠的方法。

二、实验原理

重结晶是提纯固体有机物常用的方法之一。

固体有机物在任意的溶剂中都有一定的溶解度，且绝大多数情况下随温度的升高溶解度增大。将固体有机物溶解在热的溶剂中制成饱和溶液，冷却时由于溶解度降低，溶液变成过饱和而又重新析出晶体。重结晶法的原理简单地说，就是利用溶剂对被提纯物质和杂质的溶解度不同，使被提纯物质从饱和溶液中析出，而溶解性好的杂质则全部或大部分留在溶液中，或让溶解性差的杂质在热过滤中滤除，从而达到分离提纯的目的。

重结晶提纯法的一般过程为：

选择溶剂→溶解固体→除去杂质→晶体析出→晶体的收集与洗涤→晶体的干燥

1. 溶剂的选择

选择适宜的溶剂是重结晶法的关键之一。适宜的溶剂应符合下述条件。

① 与被提纯的有机物不起化学反应。

② 对被提纯的有机物应易溶于热溶剂中，而在冷溶剂中几乎不溶。

③ 对杂质的溶解度应很大（杂质留在母液不随被提纯物的晶体析出，以便分离）或很小（趁热过滤除去杂质）。

④ 能得到较好的结晶。

⑤ 溶剂的沸点适中。若过低时，溶解度改变不大，难分离，且操作也较难；过高时，附着于晶体表面的溶剂不易除去。

⑥ 价廉易得，毒性低，回收率高，操作安全。

在选择溶剂时应根据"相似相溶"的一般原理。溶质往往易溶于结构与其相似的溶剂中。一般来说，极性的溶剂溶解极性的固体，非极性溶剂溶解非极性固体。具体可查阅有关手册和资料。然而，在实际工作中往往需要通过实验来选择溶剂，溶解度试验方法如下：取0.1g待重结晶的固体置于一小试管中，用滴管逐滴加入溶剂，并不断振荡，待加入的溶剂约为1mL后，若晶体全部溶解或大部分溶解，则此溶剂的溶解度太大，不适宜作重结晶溶剂；若晶体不溶或大部分不溶，但加热至沸腾（沸点低于100℃的，则应水浴加热）时完全溶解，冷却，析出大量晶体，这种溶剂一般可认为合用；若样品不全溶于1mL沸腾的溶剂中时，则可逐次添加溶剂，每次约加0.5mL，并加热至沸腾，若加入的溶剂总量达3~4mL时，样品在沸腾的溶剂中仍不溶解，表示这种溶剂不合用。反之，若样品能溶解在3~4mL沸腾的溶剂中，则将它冷却，观察有没有晶体析出，还可用玻璃棒摩擦试管壁或用冷水冷却，以促使结晶析出，若仍未析出结晶，则这种溶剂也不适用；若有结晶析出，则依结晶析出的多少来选择溶剂。

按照上述方法逐一试验不同的溶剂，试验结果加以比较，选择其中最优者作为溶剂。常用的理想溶剂见表2-3。

表2-3 常用理想溶剂

化合物名称	沸点/℃	相对密度	化合物名称	沸点/℃	相对密度
水	100.0	1.00	乙酸乙酯	77.1	0.90
甲醇	64.7	0.79	二氧六环	101.3	1.03
乙醇	78.4	0.79	二氯甲烷	40.8	1.34
丙酮	56.5	0.79	二氯乙烷	83.8	1.24
乙醚	34.6	0.71	三氯甲烷	61.2	1.49
石油醚	30~60 60~90	0.64~0.66	四氯化碳	76.7	1.59
环己烷	80.8	0.78	硝基甲烷	101.2	1.14
苯	80.1	0.88	甲乙酮	79.6	0.81
甲苯	110.6	0.87	乙腈	81.6	0.78

如果难于找到一种合用的溶剂时，则可采用混合溶剂，混合溶剂一般由两种能以任意比例互溶的溶剂组成，其中一种对被提纯物质的溶解度较大，而另一种则对被提纯物质的溶解度较小。表2-4是常见的混合溶剂。

表2-4 常见的混合溶剂

水-乙醇	甲醇-水	石油醚-苯	水-乙醇	甲醇-水	石油醚-苯
水-丙酮	甲醇-乙醚	石油醚-丙酮	乙醚-丙酮	氯仿-醇	苯-醇
水-乙酸	甲醇-二氯乙烷	氯仿-醚	乙醇-乙醚-乙酸乙酯	吡啶-水	石油醚-乙醚

2. 固体物质的溶解

将待重结晶的粗产物放入锥形瓶中（因为它的瓶口较窄，容积不易挥发，又便于振荡，促进固体物质的溶解），加入比计算量略少的溶剂，加热到沸腾，若仍有固体未溶解，则在保持沸腾下逐渐添加溶剂至固体恰好溶解，最后再多加 20％的溶液将溶液稀释，否则在热过滤时由于溶剂的挥发和温度的下降导致溶解度下降而析出晶体，但如果溶剂过量太多，则难以析出结晶，需将溶剂蒸出。

在溶解过程中，有时会出现油珠状物，这对物质的纯化很不利，因为杂质会伴随析出，并夹带少量的溶剂，故应尽量避免这种现象的发生，可从下列几方面加以考虑：

① 所选用的溶剂的沸点应低于溶质的熔点。

② 低熔点物质进行重结晶，如不能选出沸点较低的溶剂时，则应在比熔点低的温度下溶解固体。

如用低沸点易燃有机溶剂重结晶时，必须按照安全操作规程进行，不可粗心大意！有机溶剂往往不是易燃的就是具有一定的毒性，或两者兼有，因此容器应选用锥形瓶或圆底烧瓶，装上球形冷凝管［见图 1-19(c)］。严禁在石棉网上直接加热，根据溶剂沸点的高低，选用热浴。

用混合溶剂重结晶时，一般先用适量溶解度较大的溶剂，加热使样品溶解，溶液若有颜色则用活性炭脱色，趁热过滤除去不溶杂质，将滤液加热至接近沸点的情况下，慢慢滴加溶解度较小的热溶剂至刚好出现浑浊，加热浑浊不消失时，再小心地滴加溶解度较大的溶剂直至溶液变清，放置结晶。若已知两种溶剂的某一定比例适用于重结晶，可事先配好混合溶剂，按单一溶剂重结晶的方法进行。

3. 杂质的除去

（1）趁热过滤

溶液中如果有不溶性杂质时，应趁热过滤，防止在过滤过程中，由于温度降低而在滤纸上析出结晶。为了保持滤液的温度使过滤操作尽快完成，一是选用短颈径粗的玻璃漏斗；二是使用折叠滤纸（菊花形滤纸）；三是使用热水漏斗（见图 2-25）。

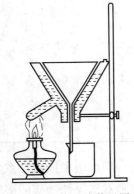

图 2-25　热过滤装置图

把短颈玻璃漏斗置于热水漏斗套里，套的两壁间充注水，若溶剂是水，可预先加热热水漏斗的侧管或边加热边过滤，如果是易燃有机溶剂则务必在过滤时熄灭火焰。然后在漏斗上放入折叠滤纸（滤纸的折叠方法见图 2-26），用少量溶剂润湿滤纸，避免干滤纸在过滤时因吸附溶剂而使结晶析出。滤液用锥形瓶接收（用水作溶剂时方可用烧杯），漏斗颈紧贴瓶壁，待过滤的溶液沿玻璃棒小心倒入漏斗中，并用表面皿盖在漏斗上，以减少溶剂的挥发。过滤完毕，用少量热溶剂冲洗一下滤纸，若滤纸上析出的结晶较多时，可小心将结晶刮回锥形瓶中，用少量溶剂溶解后再过滤。

（2）活性炭处理

若溶液有颜色或存在某些树脂状物质、悬浮状微粒难于用一般过滤方法过滤时，则要用活性炭处理，活性炭对水溶液脱色较好，对非极性溶液脱色效果较差。

使用活性炭时，不能向正在沸腾的溶液中加入活性炭，以免溶液暴沸而溅出。一般来说，应使溶液稍冷后加入活性炭，较为安全。活性炭的用量视杂质的多少和颜色的深浅而定，由于它会吸附部分产物，故用量不宜太大，一般用量为固体粗产物的 1％～5％。加入活性炭后，在不断搅拌下煮沸 5～10min，然后趁热过滤；如一次脱色不好，可

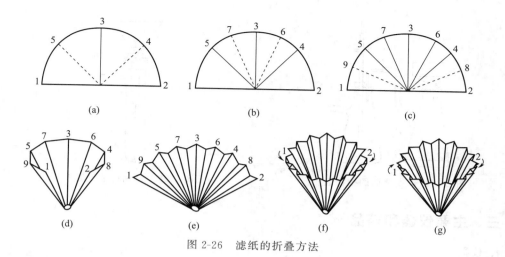

图 2-26 滤纸的折叠方法

再用少量活性炭处理一次。过滤后如发现滤液中有活性炭时,应予重滤,必要时使用双层滤纸。

4. 晶体的析出

结晶过程中,如晶体颗粒太小,虽然晶体包含的杂质少,但却由于表面积大而吸附杂质多;而颗粒太大,则在晶体中会夹杂母液,难于干燥。因此,应将滤液静置,使其缓慢冷却,不要急冷和剧烈搅动,以免晶体过细;当发现大晶体正在形成时,轻轻摇动使之形成较均匀的小晶体。为使结晶更完全,可使用冰箱冷却。

如果溶液冷却后仍不结晶,可投"晶种"或用玻璃棒摩擦器壁引发晶体形成。

如果被纯化的物质不析出晶体而析出油状物,其原因之一是热的饱和溶液的温度比被提纯物质的熔点高或接近。油状物中含杂质较多,可重新加热溶液至澄清液后,让其自然冷却至开始有油状物出现时,立即剧烈搅拌,使油状物分散,也可搅拌至油状物消失。

如果结晶不成功,通常必须用其他方法(色谱、离子交换法)提纯。

5. 晶体的收集和洗涤

把晶体从母液中分离出来,通常用抽气过滤(或称降压过滤)。使用瓷质的布氏漏斗,布氏漏斗以橡皮塞与抽滤瓶相连,漏斗下端斜口正对抽滤瓶支管,抽滤瓶支管套上橡皮管,与安全瓶连接,在与水泵相连(见图 2-27)。在布氏漏斗中铺一张比漏斗底部略小的圆形滤纸,过滤前先用溶剂润湿滤纸,打开水泵,关闭安全瓶活塞,抽气,使滤纸紧贴在漏斗上,将要过滤的混合液倒入布氏漏斗中,使固体物质均匀分布在整个滤纸面上,用少量滤液将黏附在容器壁上的结晶洗出,继续抽气,并用玻璃钉挤压晶体,尽量除去母液。当布氏漏斗下端不再滴出溶剂时,慢慢旋开安全瓶活塞,关闭水泵,滤得的固体,习惯称滤饼。为了除去结晶表面的母液,应洗涤滤饼。用少量干净溶剂均匀撒在滤饼上,并用玻璃棒或刮刀轻轻翻动晶体,使全部结晶刚好被溶剂浸润(注意不要使滤纸松动),打开水泵,关闭安全瓶活塞,抽取溶剂,重复操作两次,就可把滤饼洗净。

过滤少量的结晶(1~2g),可用玻璃钉抽气装置(见图 2-28)。

6. 晶体的干燥

用重结晶法纯化后的晶体,其表面还吸附有少量溶剂,应根据所用溶剂及结晶的性质选择恰当的方法进行干燥。

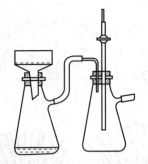
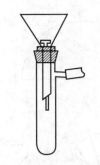

图 2-27　带安全瓶的抽滤装置　　　　　图 2-28　玻璃钉抽气装置

三、主要仪器和药品

1. 仪器

热水漏斗、布氏漏斗、烧杯、短颈漏斗、抽滤瓶、安全瓶（缓冲瓶）、泵、托盘天平、酒精灯、表面皿、量筒。

2. 药品

粗苯甲酸（或粗乙酰苯胺）、活性炭、乙醇。

四、实验内容

1. 单一溶剂重结晶苯甲酸

（1）制热饱和溶液

称取 1g 粗苯甲酸，放入 100mL 水（溶剂），加热至微沸，用玻璃棒搅拌使其完全溶解（杂质除外）。

（2）脱色

冷却一会儿，加入少量（一般为固体的 1%～5%）活性炭，继续搅拌加热至沸腾。

（3）热过滤

事先加热，使热水漏斗中的水达到沸腾，放好菊花形滤纸，用少量溶剂润湿，然后将上面制得的热溶液趁热过滤（此时应保持热水漏斗中水微沸、饱和溶液微沸）。过滤完毕，用少量（1～2mL）热水洗涤滤渣、滤纸各一次。

（4）结晶

热过滤所得滤液自然冷却析出结晶（最好不在冷水中速冷，否则颗粒太细，易吸附杂质）。此时如不析出结晶，可用玻璃棒摩擦容器引发结晶。如果只有油状物而无结晶，则需重新加热、待澄清后再结晶。

（5）抽滤、干燥

在已准备好的抽滤装置上用布氏漏斗抽滤。并用少量（约 1～2mL）冷水洗涤晶体，以除去附着在结晶表面的母液。洗涤时应先停止抽滤，然后加水洗涤，再抽滤至干。可重复洗涤两次。然后放在表面皿上，于 100℃ 以下的温度在烘箱中烘干。称量，计算产率。取出一部分留做测熔点用。

2. 混合溶剂重结晶乙酰苯胺

取 0.5g 粗乙酰苯胺放入大试管中，加 3mL 乙醇，在热水浴中加热，振荡至固体完全溶解。用普通过滤除去不溶杂质，滤液用另一洁净大试管收集，放置冷却。然后加热蒸馏水至微浑浊时止（约 4～5mL 水）。再在热水浴中微热至溶液透明，然后放置冷却至室温。将此乙酰苯胺的水-乙醇溶液振摇，即析出较原来多的片状有光泽的晶体。用玻璃钉漏斗抽滤，然后用 5～6 滴冷水洗涤结晶一次，抽滤至干、称量，计算产率。

五、注意事项

1. 布氏漏斗常用于抽气过滤。瓷质，底部有许多小孔，如图 1-1（14）所示。有大小不一的各种规格（以直径计）选用时与所要过滤物之量相称。抽滤少量的结晶时，可用玻璃钉漏斗，以抽滤管代替抽滤瓶（见图 2-28）。

2. 安全瓶，见图 2-27，其作用是调节真空度，防止水倒流入抽滤瓶装置内。

3. 水泵，用于减压。有金属水泵（图 2-29）、玻璃水泵（图 2-30）和循环水泵（图 1-12）。

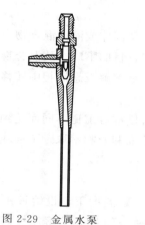

图 2-29　金属水泵

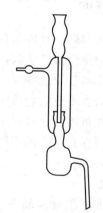

图 2-30　玻璃水泵

4. 苯甲酸在水中的溶解度：18℃时为 0.27g，100℃时为 5.9g。本实验中 1g 样品中加 40mL 水是过量的，即实际制得的是热不饱和溶液。目的是为了防止热过滤时结晶提前析出。

5. 乙酰苯胺在乙醇和水中的溶解度见表 2-5。

表 2-5　乙酰苯胺的溶解度

溶剂	乙醇		水	
温度/℃	20	60	25	80
溶解度/[g·(10mL)$^{-1}$]	21	46	0.56	3.6

六、思考题

1. 加热溶解待重结晶的粗产物时，为什么加入溶剂的量要比计算量略少？然后逐渐添加至恰好溶解，最后再加入少量的溶剂，为什么？

2. 用活性炭脱色为什么要待固体物质完全溶解后才加入？为什么不能在溶液沸腾时加入活性炭？

3. 停止抽滤时，如不先打开安全瓶活塞就关闭水泵，会有什么现象产生？为什么？

4. 如何鉴定重结晶纯化后产物的纯度？

5. 在布氏漏斗上用溶剂洗涤滤饼时应注意什么？

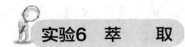

一、实验目的

1. 了解萃取的原理。

2. 掌握萃取的方法。

二、实验原理

萃取也是分离和提纯有机化合物常用的操作之一。从固体或液体混合物中分离所需要的有机物，最常用的操作就是萃取。它与洗涤的原理相似，目的不同。从混合物中抽提所需要的物质，这种操作叫萃取或提取。简单地说，某物质从被溶解或悬浮相中转移到另一个液相中称之为萃取，除去不要的物质叫洗涤。

萃取是利用有机物在两种互不相溶的溶剂中的溶解度或分配比不同而达到分离目的。根据要分离的物质的存在状态的不同，萃取可分为固相萃取和液相萃取。下面我们分别了解一下它们的原理及特点。

1. 液-液萃取

液体中的萃取常用分液漏斗。萃取的原理是：在一定温度下，设溶液由有机化合物 X 溶解于溶剂 A 而成，现如要从其中萃取 X，我们可选择一种对 X 溶解度极好，而与溶剂 A 不相混溶和不起化学反应的溶剂 B。把溶液放入分液漏斗中，加入溶剂 B，充分振荡。静置后，由于 A 与 B 互不相溶，故分成两层。此时 X 在 A、B 两相间的浓度比为一常数，叫分配系数，以 K 表示，这种关系叫做分配定律。

$$\frac{c_A}{c_B} = K$$

利用上关系式，可以算出每次萃取物质的剩余量。根据分配定律，要节省溶剂而提高提取的效率，用一定量的溶剂一次加入溶液中萃取，则不如把这个量的溶剂分成几份作多次萃取好，现在通过计算来说明。

设：m_0 为被萃取物质的总质量（g），V_0 为原溶液的体积（mL），m_n 为第 n 次萃取后，物质的剩余量（第一次 $n=1$ 为 m_1，第二次 $n=2$ 为 m_2，依此类推）V 为每次所用萃取剂的体积（mL）。将上述物理量带入上式则有：

$$K = \frac{m_1/V_0}{(m_0 - m_1)/V}$$

即 $m_1 = m_0 \dfrac{KV_0}{KV_0 + V}$ 为第一次萃取后的剩余量。

二次萃取后，$K = \dfrac{m_1/V_0}{(m_1 - m_2)/V}$，即 $m_2 = m_1 \dfrac{KV_0}{KV_0 + V} = m_0 \left(\dfrac{KV_0}{KV_0 + V}\right)^2$，依此类推，

经过 n 次萃取后，溶质（X）在溶剂 A 中的剩余量为

$$m_n = m_0 \left(\frac{KV_0}{KV_0 + V} \right)^n$$

由于 $\frac{KV_0}{KV_0 + V}$ 值永远小于 1，n 值越大，m_n 则越小，说明用一定量的溶剂进行萃取时，分多次萃取效率比一次性萃取效率高。

例：100mL 水中溶有正丁酸 4g，在 15℃ 时用 100mL 苯来萃取，在 15℃ 时正丁酸在水中与苯中的分配系数为 $K = 1/3$，若 1 次用 100mL 苯来萃取，则萃取后正丁酸水溶液中的剩余量为

$$m_1 = 4g \times \frac{\frac{1}{3} \times 100\,mL}{\frac{1}{3} \times 100\,mL + 100\,mL} = 1.0g$$

萃取效率为

$$\frac{4g - 1g}{4g} \times 100\% = 75\%$$

若用 100mL 苯分成 3 次萃取，即每次用 33.33mL 苯来萃取，经过第三次萃取后正丁酸水溶液中的剩余量为

$$m_3 = 4g \times \left(\frac{\frac{1}{3} \times 100\,mL}{\frac{1}{3} \times 100\,mL + 100\,mL} \right)^3 = 0.5g$$

萃取效率为

$$\frac{4g - 0.5g}{4g} \times 100\% = 87.5\%$$

但是，连续萃取的次数不是无限度的，当溶剂总量保持不变时，萃取次数增加，每次使用的溶剂体积就要减少，$n > 5$ 时，n 与 V 两个因素的影响就几乎抵消了，再增加 n 次，则 m_n / m_{n+1} 的变化不大，可忽略。故一般以萃取三次为宜。

另外，萃取剂对萃取分离效果的影响也很大，是决定萃取能否成功的关键因素。合格萃取剂应具备：纯度高、沸点低、毒性小，水溶液中萃取使用的溶剂在水中溶解度要小，被萃取物在溶剂中的溶解度要大，溶剂与水和被萃取物都不反应，萃取后溶剂易于蒸馏回收。此外，价格便宜、操作方便、不易着火等也是应考虑的条件。

经常使用的溶剂有：乙醚、石油醚、苯、二氯甲烷、氯仿、四氯化碳、正丁醇、乙酸乙酯等，萃取时根据被萃取物的水溶性大小，选择合适的萃取剂。注意：萃取剂中有许多是易燃的，故在实验室中可少量使用，而在工业生产中不易使用。

2. 液-固萃取

液-固萃取是从固体混合物中萃取所需要的物质，最简单的方法是把固体混合物研细，在容器里，用适量的溶剂溶解、振荡后，用过滤或倾析的方法把萃取液和残留的固体分开。若被提取的物质特别容易溶解，也可把固体混合物放在有滤纸的玻璃漏斗里，用溶剂洗涤，要萃取的物质就可以溶解在溶剂中，而被滤出。如萃取物的溶解度很小，则此时宜采用索氏（Soxhlet）提取器来萃取，具体原理和方法见实验42：从茶叶中提取咖啡因。

3. 固相萃取法

即柱色谱分离法，内容详见柱色谱法。

三、主要仪器和药品

1. 仪器

50mL 锥形瓶、10mL 移液管、125mL 分液漏斗、碱式滴定管、铁架台（带铁环）。

2. 药品

冰醋酸与水的混合液（体积比 1：19）、乙醚、酚酞指示剂、0.2mol·L^{-1}标准氢氧化钠溶液。

四、实验内容

1. 分液漏斗的使用

常用的分液漏斗有球形、锥形和梨形 3 种。在有机化学实验中，分液漏斗主要应用于：（1）分离两种分层而不起作用的液体；（2）从溶液中萃取某种成分；（3）用水或碱或酸洗涤某种产品；（4）用来滴加某种试剂（代替滴液漏斗）。

分液漏斗使用前，应先检查分液漏斗的玻璃塞和活塞有没有用棉线绑住，然后检查其气密性，以防止使用过程中发生泄漏，造成损失。

使用时，将液体与萃取剂从分液漏斗上口倒入，盖好盖子，振荡漏斗，使两液层充分接

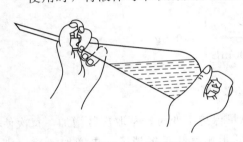

图 2-31　分液漏斗的振荡方法

触。振荡时，先把分液漏斗倾斜，使上口略朝下，如图 2-31 所示。右手握住漏斗上口颈部，并用食指的末节将漏斗上端玻璃塞顶住，再用大拇指及食指和中指握住漏斗，左手的食指和中指蜷握在活塞的柄上，这样漏斗振动时即能防止振荡时旋塞转动或脱落，又便于灵活地旋开旋塞。使振摇过程中玻璃塞和活塞均夹紧。上下轻轻振摇分液漏斗，每隔几秒钟将漏斗倒置（活塞朝上），小心打开活塞，以平衡内外压力。若在漏斗中盛有易挥发的溶剂，如乙醚等，振荡后更应及时打开旋塞放气。重复操作 2～3 次，然后再用力振摇相当的时间，使两不相溶的液体充分接触，提高萃取率，振摇时间太短则影响萃取率。充分振荡后，将分液漏斗置于铁架台的铁环上静置，使两液分层。如有些溶剂经剧烈振荡，会形成乳浊液，则应避免剧烈振荡。如已形成乳浊液，且一时又不能分层，可向乳浊液中加入食盐，使溶液饱和以降低乳浊液的稳定性，促使液层尽快分开，长时间静置也可达到乳浊液的分层，然后分离。

注意，分离液层时，不能用手拿分液漏斗进行分离，下层液体从下口缓慢放出，上层液体应从上口倒出（如上层液也经下口旋塞方向放出，则漏斗下面颈部所附着的残液会污染上层液体）。另外，禁止未打开上口玻璃塞就打开下口旋塞。

分液漏斗使用完毕，应立即洗涤干净。玻璃塞用纸包裹后塞回去。

2. 用乙醚从醋酸水溶液中萃取醋酸

（1）一次萃取法

用移液管准确移取 10mL 冰醋酸与水的混合液，放入分液漏斗中，然后加入 30mL 乙醚，振荡混合物萃取醋酸。使液体分层，放出下层水层于 50mL 锥形瓶内，加入 2～3 滴酚酞指示剂，用 0.2mol·L^{-1}标准氢氧化钠溶液滴定。记录用去氢氧化钠的体积。计算：

①留在水中的醋酸量及质量分数；②留在乙醚中的醋酸量及质量分数。

（2）多次萃取法

准确量取 10mL 冰醋酸与水的混合液与分液漏斗中，用 10mL 乙醚如上法萃取，分去乙醚溶液，将水溶液再用 10mL 乙醚萃取，分出乙醚溶液后，将第二次剩余的水溶液再用 10mL 乙醚萃取。如此前后共计 3 次。最后将用乙醚三次萃取后的水溶液放入 50mL 的锥形瓶内，加入 2~3 滴酚酞指示剂，用 0.2mol·L^{-1} 标准氢氧化钠溶液滴定。计算：①留在水中的醋酸量及质量分数；②留在乙醚中的醋酸量及质量分数。

根据上述两种不同步骤所得数据，比较萃取醋酸的效率。

五、注意事项

1. 使用前要检查分液漏斗的气密性，即检查玻璃塞和活塞紧密否？如有漏水现象，应及时按下述方法处理：脱下活塞，用纸或干布擦净活塞及活塞孔道的内壁，然后用玻璃棒蘸取少量凡士林，先在活塞近把手的一端抹上一层凡士林，注意不要抹在活塞的孔中，再在活塞两边也抹上一圈凡士林，然后插上活塞，反时针旋转至透明时即可使用。

2. 若萃取中剧烈振荡发生乳化现象，静置又难分层，可用如下方法处理：

（1）加入少量电解质（NaCl）以破坏水化膜，用盐析法破坏乳化，另外加 NaCl 也可增加水相的密度。

（2）因碱性物质存在而产生乳化现象，可加入少量稀硫酸或采用过滤法来消除。

（3）用纤维素粉过滤是有效的方法。

（4）用高速离心破坏乳浊液。

3. 使用分液漏斗时不能把活塞上附有凡士林的分液漏斗放在烘箱内烘干；不能用手拿住分液漏斗的下端；使用完后，冲洗干净，在活塞处放纸再塞回去。

六、思考题

1. 影响萃取效率的因素有哪些？怎样才能选择好溶剂？

2. 用分液漏斗进行提取操作时，为什么要振荡混合液？使用分液漏斗时要注意哪些事项？

3. 两种不相溶解的液体同在分液漏斗中，请问相对密度大的在哪一层？下层的液体从哪里放出来？留在分液漏斗中的上层液体，应从哪里倾入另一容器中？

实验7　薄层色谱

一、实验目的

1. 学习薄层色谱原理。

2. 掌握薄层色谱操作。

3. 了解薄层色谱的应用。

二、实验原理

薄层色谱法（Thin Layer Chromatography，缩写为 TLC）是快速分离和定性分析少量物质的一种很重要的实验技术，也用于跟踪反应进程，是色谱分析法的一种。常用的有薄层吸附色谱与薄层分配色谱两种。最典型的是在玻璃板上均匀铺上一薄层吸附剂制成薄层板，用毛细管将样品溶液点在起点处，把此薄层板置于盛有溶剂的容器中，待溶液到达前沿后取出，晾干，显色，测定色斑的位置。由于色谱是在薄层板上进行，也称为薄层色谱。

1. 吸附剂

常用于 TLC 的吸附剂为硅胶和氧化铝，其中最常用的为氧化铝 G 和硅胶 G。

2. 薄层板的制备和活化

（1）制备薄层载片

如是新的玻璃板（厚约 2.5mm），切割成 150mm×30mm×2.5mm 或 100mm×30mm×2.5mm 的载玻片，水洗，干燥。如是重新使用的载玻片，要用洗衣粉和水洗涤，用水淋洗，用 50%甲醇溶液淋洗，让载玻片完全干燥。取用时应用手指接触载玻片的边缘，因为指印沾污载玻片表面，将使吸附剂难以铺在载玻片上。

硬质塑料膜也可作为载片。

（2）制备浆料

容器：高型烧杯或带螺旋盖的广口瓶。

操作：制成的浆料要求要均匀，不带团块，黏稠适当。为此，应将吸附剂慢慢地加至溶剂中，边加边搅拌。如果将溶剂加至吸附剂中常常会出现团块状。加料完毕，剧烈搅拌，最好用广口瓶，旋紧盖子，将瓶剧烈摇动，保证充分混合。

一般 1g 硅胶 G 需要 0.5%羧甲基纤维素钠（CMC）清液 3～4mL 或约 3mL 氯仿；1g 氧化铝 G 需要 0.5%CMC 清液约 2mL。不同性质的吸附剂用溶剂量有所不同，应根据实际情况予以增减。

按照上述规格的载玻片，每块约用 1g 硅胶 G。薄层的厚度为 0.25～1mm，厚度尽量均匀。否则，在展开时溶剂前沿不齐。用浆料铺层常采取下列三种方法。

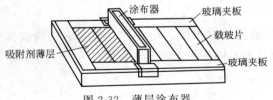

图 2-32　薄层涂布器

① 平铺法　可用自制的涂布器铺层（见图 2-32）。将洗净的几片载玻片在涂布器中间摆好，上下两边各夹一块比前者厚 0.25～1mm 的玻璃板，将浆液倒入涂布器的槽中，然后将涂布器自左向右推去即可将浆料均匀地涂于载玻片上。若无涂布器，也可将浆料倒在左边的玻璃板上，然后用边缘光滑的不锈钢尺或玻璃片自左向右刮平，即得一定厚度的薄层。

② 倾注法　将调好的浆料倒在玻璃板上，用手左右摇晃，使表面均匀光滑（必要时可于平台处让一端触台面另一端轻轻跌落数次并互换位置）。然后把薄层板置于已校正平面的平板上阴干。

③ 浸涂法　将载玻片浸入盛有浆料的容器中，浆料高度约为载玻片长度的 5/6，使载玻

片涂上一层均匀的吸附剂操作是：在带有螺旋盖的瓶子中盛满浆料〔1g硅胶G需要3mL氯仿，或需要3mL氯仿-乙醇混合物（体积比为2∶1)，在不断搅拌下慢慢将硅胶加入氯仿中，盖紧，用力振摇，使之成均匀糊状〕，选取大小一致的载玻片紧贴在一起，两块同时浸涂。因为浆料在放置时会沉积，故在浸涂之前均应将其剧烈振摇。用拇指和食指捏住载玻片上端（见图2-33)缓慢、均匀地将载玻片浸入浆料中，取出后多余的浆料任其自动滴下，直至大部分溶剂已蒸发后将两块分开，放在水平板上晾干。

两块载玻片一起浸渍

充满浆料的带有螺旋盖的瓶子浸渍载玻片前应盖紧并剧烈振摇

图2-33　载玻片浸渍涂浆块

若浆料太稠，涂层可能太厚，甚至不均匀；若浆料稀薄，则可能使涂层薄。若出现上述两种情况，需调整黏稠度。要掌握铺层技术，反复实践是必要的。

薄层板的活化温度，硅胶板于105～110℃烘30min，氧化铝板150～160℃烘4h，活化后的薄层板放在干燥器内保存备用。

3. 点样

在距薄层底端8～10mm处，画一条线，作为起点线。用毛细管（内径小于1mm）吸取样品溶液（一般以氯仿、丙酮、甲醇、乙醇、苯、乙醚或四氯化碳等作溶剂，配成1%溶液），垂直地轻轻接触到薄层的起点线上。如溶液太稀，一次点样不够，第一次点样干后，再点第二次、第三次；多次点样时，每次点样都应点在同一圆心上。点的次数依样品浓度而定，一般为2～5次。若样品量太少时，有的成分不易显出；若样品量太多时，易造成斑点过大，相互交叉或拖尾，不能得到很好的分离。点样后的斑点直径以扩大成1～2mm圆点为度。若为多处点样时，则点样间距为1～1.5cm。

4. 展开

薄层的展开需在密闭的容器中进行。先将选择的展开剂放在色谱缸中，使色谱缸中空气饱和5～10min，再将点好样品的薄层板放入色谱缸中进行展开。点样的位置必须在展开剂液面之上。当展开剂上升到薄层的前沿（离顶端5～10mm处）或各组分已明显分开时，取出薄层板平放晾干，用铅笔或小针划出前沿的位置后即可显色。根据R_f值的不同对各组分进行鉴定。

5. 显色

展开完毕，取出薄层板，划出前沿线，如果化合物本身有颜色，就可直接观察它的斑点；如果本身无色，可先在紫外灯下观察有无荧光斑点，用小针在薄层上划出斑点的位置；也可在溶剂蒸发前用显色剂喷雾显色。不同类型的化合物需选用不同的显色剂。凡可用于纸色谱的显色剂都可用于薄层色谱，薄层色谱还可使用氧化性的显色剂如浓硫酸。对于未知的样品显色剂是否合适，可选取样品溶液一滴，点在滤纸上，然后滴加显色剂，观察是否有色点产生；也可将薄层板除去溶剂后，放在含有少量碘的密闭容器中显色来检查色点，许多化合物都能和碘成黄棕色斑点。但当碘蒸气挥发后，棕色斑点即易消失，所以显色后，应立即用铅笔或小针标出斑点的位置，计算出R_f值。

显色剂有很多种，在这里我们就不一一进行介绍了。一些常用显色剂见表2-6。

表 2-6　一些常用的显色剂

显色剂	配制方法	能被检出对象
浓硫酸	10％硫酸溶液	大多数有机化合物在加热后可显出黑色斑点
碘蒸气	将薄层板放入缸内被碘蒸气饱和数分钟	很多有机化合物显黄棕色
碘的氯仿溶液	0.5％碘的氯仿溶液	同碘蒸气
磷钼酸乙醇溶液	0.5％磷钼酸乙醇溶液，喷后120℃烘干，还原性物质显蓝色，氨薰，背景变为无色	还原性物质显蓝色
铁氰化钾-氯化铁试剂	1％铁氰化钾、2％氯化铁使用前等量混合	还原性物质显蓝色，再喷 2mol·L^{-1}盐酸，蓝色加深，适用于酚、胺、还原性物质
四氯邻苯二甲酸酐	2％溶液，试剂：丙酮-氯仿（体积比 10：1）	芳烃
硝酸铈铵	6％硝酸铈铵的 2mol·L^{-1}硝酸溶液	薄层板在 105℃烘 5min，之后，喷显色剂，多元醇在黄色底色上有棕黄色斑点
香兰素-硫酸	3g 香兰素溶于 100mL 乙醇中，再加入 0.5mL 浓硫酸	高级醇及酮呈绿色
茚三酮	0.3g 茚三酮溶于 100mL 乙醇，喷后，110℃热至斑点出现	氨基酸、胺、氨基糖

我们以分离偶氮染料为例，具体了解一下薄层色谱法的应用。

三、主要仪器和药品

1. 仪器

玻璃片（可用显微镜载玻片）、毛细管、色谱缸（可用带塞的锥形瓶）、50mL 烧杯、量筒、玻璃棒、托盘天平、烘箱。

2. 药品

1％偶氮苯的四氯化碳溶液（样品 A）、0.01％对二甲氨基偶氮苯的四氯化碳溶液（样品 B）、A 与 B 的混合液（样品 C）、四氯化碳-氯仿混合液（体积比 3：2）硅胶 G。

四、实验内容

1. 薄层板的制备——铺层

用倾注法制备硅胶板，具体步骤如下：称取 1.5g 硅胶 G 于 50mL 小烧杯中，加入约 3mL 蒸馏水，用玻璃棒轻轻搅匀（注意勿剧烈搅拌，以防将气泡带入匀浆，影响薄层质量）。然后迅速将调好的匀浆等量倾注在两块洗净、晾干的显微镜载玻片上。用食指和拇指拿住载玻片两端，前后左右轻轻摇晃，使流动的匀浆均匀地铺在载玻片上，且表面光洁平整。把铺好的薄层板水平放置晾干，再移入烘箱内加热活化，调节烘箱温度缓缓升温至 110℃，恒温 0.5h，取出放在干燥器中冷却备用。

2. 点样

在离薄层板一端 1.5cm 处，用铅笔轻轻画出二点样点。在一块板上点样品 A 和 C，另一块板上点样品 B 和 C。点样时应选择管口平齐的玻璃毛细管，吸取少量样品溶液，轻轻接触薄层板点样处。如一次点样不够，可待样品溶剂挥发后，再点数次，但应控制样品点的扩散直径不超过 3mm。

3. 展开

薄层色谱需要在密闭的容器中展开，由此可使用特制的色谱缸或用锥形瓶代替（图2-34）。以 3:2 的四氯化碳、氯仿混合液为展开剂，倒入色谱缸内（液层厚度约 0.5cm），将点好样品的两块薄层板放入缸内，点样一端在下（注意样品点必须在展开剂液面之上）。盖好缸盖，此时展开剂即沿薄层上升。当展开剂前沿上升到距薄层顶端 1cm 左右时，取出薄层板，尽快用铅笔标出前沿位置，然后置通风处晾干，或用吹风机从背面吹干。

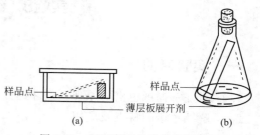

图 2-34 展开薄层色谱的仪器装置

本实验所用样品本身有颜色，故无须显色即可计算 R_f 值。

4. R_f 值的计算

量出从样品原点到展开剂前沿以及到各色斑中心的距离。计算 R_f 值，并鉴别样品中各色点属于何种物质。

五、注意事项

1. 硅胶。常用的商品薄层色谱用的硅胶有以下几种。

硅胶 H——不含胶黏剂和其他添加剂的色谱用硅胶。

硅胶 G——含煅烧过的石膏（$CaSO_4 \cdot 1/2H_2O$）作胶黏剂的色谱用硅胶。标记 G 代表石膏（gypsum）。

硅胶 HF_{254}——含荧光物质色谱用硅胶，可用于 354nm 的紫外光下观察荧光。

硅胶 GF_{254}——含煅烧石膏、荧光物质的色谱用硅胶。

氧化铝与硅胶相似，商品氧化铝也有 Al_2O_3-G，Al_2O_3-HF_{254}，Al_2O_3-GF_{254}。

2. 载玻片上涂层要均匀，既不应有纹路、带团粒，也不应有能看到玻璃的薄涂料点。

3. 薄层色谱展开剂的选择原则，主要根据样品的极性、溶解度和吸附剂的极性等因素来综合考虑。溶剂的极性越大，则对化合物的洗脱力越大，即 R_f 值也越大。如发现样品各组分的 R_f 值较大，可考虑换用一种极性较小的溶剂，或在原来的溶剂中加入适量极性较小的溶剂去展开，如原用氯仿为展开剂，则可加入适量的苯。相反，如原用展开剂使样品各组分的 R_f 值较小，则可加入适量极性较大的溶剂，如氯仿中加入适量的乙醇试行展开，以达到分离目的。各种溶剂的极性参见实验 9，柱色谱法分离绿色植物叶绿素。常见溶剂在硅胶板上的展开能力如下。

戊烷、四氯化碳、苯、氯仿、二氯甲烷、乙醚、乙酸乙酯、丙酮、乙醇、甲醇

极性及展开能力增加 →

4. R_f 为比移值，$R_f = \dfrac{\text{溶质的最高浓度中心至原点的距离}}{\text{溶剂前沿至原点的距离}}$

六、思考题

样品斑点过大有什么坏处？若将点样处浸入展开剂液面以下会有什么后果？

实验8 纸色谱（糖类）

一、实验目的

1. 学习并掌握纸色谱的原理、条件选择及操作技术。
2. 了解纸色谱的特点及应用。

二、实验原理

纸色谱和薄层色谱一样，主要用于分离和鉴定有机化合物。它的优点是操作简单，用样少，所得到的色谱图可以长期保存。缺点是展开时间较长，因为在展开过程中，溶剂的上升速度随着高度的增加而减慢。此法一般适用于微量有机物质（$5 \sim 500 \mu g$）的定性分析，分离出来的色点也能用比色方法定量。由于纸色谱对亲水性较强组分的分离效果较好，故特别适用于多官能团或高极性化合物，如糖或氨基酸的分析。

纸色谱法的原理比较复杂，主要是分配过程，纸色谱的溶剂是由有机溶剂和水组成的，当有机溶剂和水部分溶解时，即有两种可能，一相是以水饱和的有机溶剂相，一相是以有机溶剂饱和的水相。纸色谱用滤纸作为载体，因为纤维和水有较大的亲和力，对有机溶剂则较差。水相为固定相，有机相（被水饱和）为流动相，称为展开剂，在滤纸的一定部位点上样品，当有机相沿滤纸流动经过原点时，即在滤纸上的水域流动相间连续发生多次分配，结果在流动相中具有较大溶解度的物质随溶剂移动的速度较快，而在水中溶解度较大的物质随溶剂移动的速度较慢，这样便能把混合物分开。通常用比移值（R_f）表示物质移动的相对距离。

$$R_f = \frac{溶质的最高浓度中心至原点中心的距离}{溶剂上升前沿至原点中心的距离}$$

各种物质的 R_f 值随要分离化合物的结构、滤纸的种类、溶剂、温度等不同而异。但在上述条件固定的情况下，R_f 对每一种化合物来说是一个特定数值。所以纸色谱分离是一种简便的微量分析方法，它可以用来鉴定不同的化合物，还用于物质的分离及定量测定。

展开剂是纸色谱法的关键问题之一。根据被分离物质的不同，应选用合适的展开剂。展开剂应对被分离物质有一定的溶解度，但溶解度太大，被分离物质会随展开剂跑到前沿；若溶解度太小，则会留在原点附近，使分离效果不好。选择展开剂应注意以下几点。

① 能溶于水的化合物，以吸附在滤纸上的水作固定相，以与水能混溶的有机溶剂（如醇类）作展开剂。

② 难溶于水的极性化合物，以非水极性溶剂（如甲酰胺，N,N-二甲基甲酰胺等）作固定相，以不能与固定相混合的非极性溶剂（如环己烷、苯、四氯化碳、氯仿等）作展开剂。

③ 对不溶于水的非极性化合物，以非极性溶剂（如液体石蜡、α-溴萘等）作固定相，以极性溶剂（如水、含水的乙醇、含水的酸等）作展开剂。

并且保证其 R_f 值应在 $0.05 \sim 0.85$。分离多元混合物时，各组分的 R_f 之差要大于 0.05。

实际工作中常常采用多元溶剂系统，所选择的溶剂根据各组分的性能大致可分 3 类：第一类是对被分离物质溶解度很小的溶剂，在一多元溶剂系统中，这类溶剂的量占主要的。第二类是对被分离物质溶解度很大的溶剂，这类溶剂含量的多少，主要取决于对被分离物质的效应，含量太多，使被分离物质的 R_f 值都趋向于 1；含量太少，则使被分离物质的 R_f 值太小，不易分清。第三类是调节各组分的比例或整个溶剂系统的 pH。例如，以正丁醇-醋酸-水（$4:1:5$）为展开剂对氨基酸的色谱分离为例，其中正丁醇对各种氨基酸的溶解度都很小，属于第一类溶剂。水对各氨基酸的溶解度都很大，属于第二类溶剂。如果水的比例增大，各氨基酸的 R_f 值都增大，反之 R_f 值都降低。醋酸除调节溶剂的 pH 以外，主要是促使正丁醇和水互溶程度的增加，保证溶剂系统的均匀。一般溶剂的含水量可加酸或加碱调节。

因为许多化合物是无色的，在色谱分离后，需要在纸上喷某种显色剂，使化合物显色以确定移动距离。不同物质所用的显色剂是不同的，如氨基酸用茚三酮，生物碱用碘蒸气，有机酸用溴酚蓝等。除用化学方法外，也有用物理方法或生物方法来鉴定的。

纸色谱分离须在密闭的色谱缸中展开，式样多种，图 2-35 所示的是其中一种。

1. 滤纸的选择

滤纸应厚薄均匀，全纸平整无折痕，滤纸纤维松紧适宜，能吸附一定量的水，可用新华 1 号，切成纸条，大小可以自由选择，一般为 $3cm \times 20cm$、$5cm \times 30cm$ 和 $8cm \times 50cm$ 等。

2. 点样

在滤纸的一端 $2 \sim 3cm$ 处用铅笔按图 2-36(a) 画记号。注意：整个过程不得用手接触纸条中部，因为皮肤表面粘着的脏物碰到滤纸时会出现错误的斑点，用直尺（如干净的塑料尺）将滤纸条做成图 2-36(b)，剪好悬挂该纸条用的小孔。

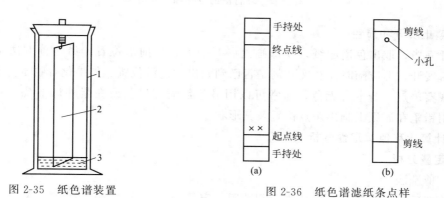

图 2-35　纸色谱装置

1—色谱缸；2—滤纸；3—展开剂

图 2-36　纸色谱滤纸条点样

将样品溶于适当的溶剂中，用毛细管吸取样品溶液点于起点线"×"处，点的直径不超过 $0.5cm$，然后剪去纸条上下手持的部分。

3. 展开前的"饱和"及展开

展开前应先进行"饱和"。所谓展开前的"饱和"是指展开前将展开剂放入色谱缸内，然后将点好样品的滤纸悬挂在缸内，使之不与展开剂接触，将色谱缸密闭，使展开剂蒸气在缸内和滤纸表面达到饱和，然后再将滤纸放入展开剂内展开。

"展开"是指将已点好样品的滤纸一端放入展开剂内，使展开剂在点样基线以下 1cm 处，由于毛吸作用，展开剂将沿滤纸流动，样品也随展开剂前进，由于样品中各组分的理化性质的不同，因而随展开剂前进的速度不同从而达到分离。

展开方式有 3 种，即上行法、环行法和下行法。本书介绍前两种展开方法。

（1）上行法

上行法是最常用的一种展开方式，展开方向是展开剂由下向上展开，上面介绍的就是上行法中的一种方法。这种展开方式简单，适于未知样品预试验，其缺点是展开速度慢，样品的成分较多时它们的 R_f 值相差较小，若 R_f 值相差 0.03 时，就很难分开。用上行法展开时溶剂只能展开 20cm 以下。

（2）环行法

环行法亦称圆形纸上色谱法，是将样品点于圆形滤纸中央约 2cm 直径的圆圈线上，在线上每隔 1cm 可点一个样点，展开时在滤纸中心插一滤纸芯，使展开剂沿滤纸芯到滤纸上向四周展开 [见图 2-37(a)]。环行法由于平面展开，展开速度快，仪器简单方便，又由于展开前沿不断扩大，分离效果好，所得斑点较狭窄，成清晰的层次 [见图 2-37(b)]。

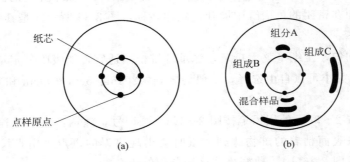

图 2-37　环行法的点样和展开结果

4. 停止展开和显色

展开完毕，取出色谱滤纸，立即画出展开剂上升的前沿位置。另一种方法是先画出前沿，然后展开，但应随时注意展开剂是否已到画出的前沿位置。如果化合物本身有颜色，就可直接观察斑点。若本身无色，通常可以用显色剂喷雾显色或在紫外灯下观察有无荧光斑点，并用铅笔在滤纸上画出斑点位置及其形状。

5. 计算比移值，定性分析

6. 定量分析

（1）剪洗法

将分离后的斑点剪下，以适当溶剂洗脱，定量。

（2）光密度测定法

用光密度计纸层扫描可直接测定出滤纸上斑点的光密度，与标准品比较可计算含量。

（3）目测法

仔细与标准品比较颜色强度和面积大小，估计样品中的含量。

本实验以含正丁醇、乙醇和水的混合液作展开剂，以标准样品做对照，鉴别未知的糖样品。显色剂为间苯二酚。

三、主要仪器和药品

1. 仪器

分液漏斗、色谱缸（或 250mL 配塞锥形瓶）、毛细管、电吹风、剪刀、色谱滤纸（长方形）、喷雾器、铅笔和尺、量筒。

2. 药品

1%葡萄糖、1%乳糖、1%蔗糖及三者的混合溶液、1%间苯二酚乙醇溶液、正丁醇、乙醇。

四、实验内容

1. 展开剂的配制

将正丁醇、乙醇、水按 4：1：5（体积比）在分液漏斗中充分混合后，放置，分层，取其上层正丁醇层混合液作为展开剂，倒入色谱缸内。注意倾入色谱缸内的展开剂总量合适。

2. 点样

取长方形中性色谱滤纸，用铅笔在滤纸一端 2～3cm 处画线作为原点，标明点样位置，样点之间的距离应在 2～3cm 为宜，不可太近，以免展开时互相干扰。用毛细管吸取少量糖样品混合液及标准品，在起点线上点样，控制点样直径在 0.2～0.5cm，然后将其晾干或用电吹风吹干。

3. 饱和

把滤纸垂直挂于色谱缸内"饱和"，注意不要将滤纸浸入展开剂中。将色谱缸密闭，饱和 15～30min。

4. 展开

饱和后，将点有样品的一端浸入展开剂中的 0.5cm 处，进行展开（注意盖好色谱缸盖），当展开剂距另一纸端 2cm 处，取出滤纸条，立即用铅笔画出展开剂前沿，晾干或用电吹风吹干。

5. 显色

喷显色剂间苯二酚，再将纸条用电吹风加热烘干，滤纸上出现糖的颜色斑点，葡萄糖（粉红色），蔗糖（红色～粉红色），乳糖（粉红色）。

6. 求 R_f 值作定性分析

五、注意事项

1. 一般将样品配成浓度约为 0.1%～1% 的溶液。控制样品浓度的原因是：当浓度过稀时，点样易出现空心圆；当浓度过浓，展开易出现斑点拖尾。

2. 为加速缸内展开剂蒸气的饱和，可事先在色谱缸内两侧各贴一条用溶剂湿润的滤纸，滤纸下端与展开剂接触，加速缸内蒸气饱和。

3. 正丁醇蒸气有麻醉作用，注意通风。

4. 显色剂间苯二酚的配制：1%间苯二酚的乙醇溶液与 $0.2mol \cdot L^{-1}$ 盐酸，按体积比 1：1混合。

六、思考题

1. 纸色谱属于吸附色谱还是分配色谱?
2. 纸色谱有几种展开方式?

实验9　柱色谱法分离绿色植物叶绿素

一、实验目的

1. 学习并掌握柱色谱法的原理、条件选择及操作技术。
2. 了解柱色谱法的特点及分类情况。

二、实验原理

柱色谱是最早发展的一种色谱分离方法,按其分离原理的不同,可分为吸附柱色谱和分配柱色谱两种,本节重点介绍吸附柱色谱。柱色谱是化合物在液相和固相之间的分配,属于固-液吸附色谱。图 2-38 就是一般柱色谱装置,柱内装有"活性"固体(固定相),如氧化铝或硅胶等。液体样品从柱顶加入,流经吸附柱时,即被吸附在柱的上端,然后从柱顶加入洗脱溶剂(流动相)冲洗,由于固定相对各组分吸附能力不同,以不同速度沿柱下移,形成若干色带,如图 2-39 所示。再用溶剂洗脱,吸附能力最弱的组分随溶剂首先流出,分别收集各组分,再逐个鉴定。若各组分是有色物质,则在柱上可以直接看到色带;若是无色物质,可用紫外光照射,有些物质呈现荧光,以利检查。

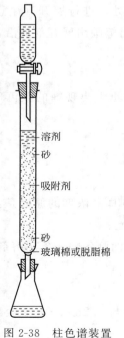

图 2-38　柱色谱装置

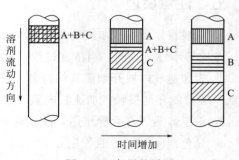

图 2-39　色层的展开

1. 吸附剂

常用的吸附剂有氧化铝、硅胶、氧化镁、碳酸钙和活性炭等。选择吸附剂的条件是：（1）与被吸附物及展开剂均无化学反应；（2）有较大的表面积和足够的吸附能力；（3）对不同物质有不同的吸附量；（4）在所用的展开剂中不溶解；（5）颗粒均匀，具有一定的机械强度，可保证操作过程中不破裂。吸附能力与颗粒大小有关，颗粒太粗，流速快分离效果不好，颗粒太细则流速慢。色谱用的氧化铝可分酸性、中性和碱性三种。酸性氧化铝是用 1% 盐酸浸泡后，用蒸馏水洗至悬浮液 pH 为 4～4.5，用于分离酸性物质；中性氧化铝 pH 为 7.5，用于分离中性物质，应用最广；碱性氧化铝 pH 为 9～10，用于分离生物碱等。

吸附剂的活性与其含水量有关。当吸附剂含水时，其部分表面被水分子覆盖而失活，只有一部分表面起到吸附作用，整体吸附能力下降。因此含水量越低，活性越高。氧化铝和硅胶的活性分五级（见表 2-7）。将氧化铝放在高温炉（350～400℃）烘 3h，得无水物。加入不同量的水分，得不同程度活性氧化铝，Ⅰ级色谱用氧化铝吸附作用最强，Ⅴ级最弱，一般常用为Ⅱ级和Ⅲ级。

表 2-7　吸附剂的活性与含水量的关系

活性	Ⅰ	Ⅱ	Ⅲ	Ⅳ	Ⅴ
氧化铝加水量/%	0	3	6	10	15
硅胶加水量/%	0	5	15	25	38

氧化铝的活性可用薄层色谱法测定，具体方法是：将氧化铝铺层，取偶氮苯 30mg，对甲氧基偶氮苯、苏丹黄、苏丹红和对氨基偶氮苯各 20mg，溶于 50mL 无水四氯化碳中，用毛细管点样，无水四氯化碳作展开剂，算出各偶氮苯染料的比移值 R_f，参照表 2-8，确定活性。

化合物的吸附能力与分子极性有关，分子极性越强，吸附能力越大，分子中所含极性较大的基团，其吸附能力也较强，具有下列极性基团的化合物，其吸附能力按下列次序递减。

酸，碱＞醇，胺，硫醇＞酯，醛，酮＞芳香族化合物＞卤化物，醚＞烯＞饱和烃

表 2-8　氧化铝活性与比移值 R_f 的关系

偶氮染料	活性（以下数字为比移值 R_f)			
	Ⅱ	Ⅲ	Ⅳ	Ⅴ
偶氮苯	0.59	0.74	0.85	0.95
对甲氧基偶氮苯	0.16	0.49	0.69	0.89
苏丹黄	0.01	0.25	0.57	0.78
苏丹红	0.00	0.10	0.33	0.56
对氨基偶氮苯	0.00	0.03	0.08	0.19

2. 溶剂

溶解样品所用的溶剂应根据被分离化合物的极性、溶解度和吸附剂的活性等因素来考虑。溶剂要求较纯，如氯仿中含有乙醇、水分及不挥发物质，都会影响样品的吸附和洗脱；溶剂和吸附剂不能起化学反应；溶剂的极性应比样品小一些，如果大了样品不易被吸附剂吸附；溶剂对样品的溶解度不能太大，否则影响吸附，也不能太小，太小溶液的体积增加，易使色谱分散；有时可使用混合溶剂，如有的组分含有较多的极性基团，在极性小的溶剂中溶解度太小时，可先选用极性较大的溶剂溶解，而后加入一定量的非极性溶剂，这样既降低了

溶液的极性，又减少了溶液的体积。

3. 洗脱剂

样品被吸附在吸附剂上后，需选用合适的溶剂将样品从色谱柱上淋洗下来，这种溶剂称为洗脱剂。对氧化铝和硅胶等作吸附剂的色谱柱常使用极性较小的洗脱剂淋洗，将极性较小的组分洗脱下来，然后使用极性较大的溶剂（可用混合溶剂）将极性较大的组分洗脱下来。因此，常用一系列极性逐渐增大的溶剂淋洗色谱柱（梯度洗脱）。为提高洗脱能力和分离效果，也常用混合溶剂。常用溶剂的极性按如下顺序递增。

己烷和石油醚＜环己烷＜四氯化碳＜三氯乙烯＜二硫化碳＜甲苯＜苯＜二氯甲烷＜三氯甲烷＜乙醚＜乙酸乙酯＜丙酮＜丙醇＜乙醇＜甲醇＜水＜吡啶＜乙酸

使用混合溶剂作洗脱剂时，极性按下列次序递增。

三氯甲烷＜环己烷-乙酸乙酯（80：20）＜二氯甲烷-乙醚（80：20）＜二氯甲烷-乙醚（60：40）＜环己烷-乙酸乙酯（20：80）＜乙醚＜乙醚-甲醇（99：1）＜乙酸乙酯＜四氢呋喃＜正丙醇＜乙醇＜甲醇

经洗脱后的溶液，可利用前述的纸色谱法、薄层色谱法或气相色谱法进一步鉴定各部分的成分。

4. 装柱

柱色谱的装置见图 2-38。色谱柱的大小，视处理量而定，柱的长度与直径之比一般为（1：10）～（1：20）。固定相用量与分离物质的量比约为（50：1）～（100：1）。先将玻璃管洗净干燥，柱底铺一层玻璃棉或脱脂棉，再铺一层约 0.5cm 厚的海石沙，然后将氧化铝装入管内，必须装填均匀，严格排除空气，吸附剂不能有裂缝。装填方法有湿法和干法两种：湿法是先将溶剂装入管内，再将氧化铝和溶剂调成浆状，慢慢倒入管中，将管子下端活塞打开，使溶剂流出，吸附剂渐渐下沉，加完氧化铝后，继续让溶剂流出，至氧化铝沉淀不变为止；干法是在管的上端放一漏斗，将氧化铝均匀装入管内，轻敲玻璃管，使之填装均匀，然后加入溶剂，至氧化铝全部润湿，氧化铝的高度为管长的 3/4。氧化铝顶部盖一层约 0.5cm 厚的沙子。敲打柱子，使氧化铝顶端和沙子上层保持水平。先用纯溶剂洗柱，再将要分离的物质加入，溶液流经柱后，流速保持 1～2 滴/s，可由柱下的活塞控制。最后用溶剂洗脱，整个过程都应有溶剂覆盖吸附剂。

本实验以中性柱色谱氧化铝为吸附剂，以石油醚溶解样品，以 1：9 和 1：1（体积比）丙酮-石油醚为洗脱剂分离植物叶片的天然色素。根据各种色素受吸附剂作用强弱不同，再注重可观察到不同的色谱带，见表 2-9。

表 2-9　天然色素的颜色

色带颜色	黄绿	蓝绿	淡黄,黄	橙黄
对应物质	叶绿素 b	叶绿素 a	叶黄素	类胡萝卜素

三、主要仪器与药品

1. 仪器

色谱柱（直径 2cm，长 30cm）、50mL 锥形瓶、研钵、粗颈漏斗、125mL 滴液漏斗、托盘天平、量筒。

2. 药品

色谱用中性氧化铝（活度Ⅳ级）、丙酮、石油醚、菠菜叶（或冬青叶）、饱和氯化钠溶液、无水硫酸钠。

四、实验内容

1. 样品的处理

称取 5g 洗净的菠菜叶，切碎置于研钵中，加 20mL 丙酮将菠菜叶捣烂。过滤除去残渣，将滤液移至分液漏斗中，加 10mL 石油醚（为防止形成乳浊液，可同时加入 5～10mL 饱和氯化钠溶液），振摇，静置分层，打开旋塞放出下层水液。再用 50mL 水洗涤绿色有机层（分两层次）。最后将有机层从分液漏斗上口倒入 50mL 干燥的锥形瓶中，加无水硫酸钠约 1g 进行干燥，充分振荡后静止待用。

2. 装柱

选择一支合适的色谱柱，洗净、吹干，垂直固定在铁架台上。下方置一锥形瓶以接收流出的液体（图 2-38）。取一小团脱脂棉，用玻璃棒推至柱底，最后加入干净的细沙或圆滤纸（柱内若有烧结玻璃片，可省去此操作）。然后关闭旋塞，向柱内倒入石油醚约达柱高的 3/4 处。

取一定量的中性氧化铝，通过一个干燥的粗颈玻璃漏斗，连续而缓慢地加入柱中。并用木棒或套有橡皮管得玻璃棒轻轻敲击柱身下部，以使氧化铝填装的均匀而紧密。装入量约为柱高的 3/4。最后用玻璃棒将氧化铝表面理平，再盖少许脱脂棉和细沙或一片比柱内径略小的圆形滤纸，以防加入液体时破坏氧化铝表层的平整。整个操作过程中应一直保持上述流速，注意切勿使液面低于氧化铝的柱面。

3. 加样

当柱内石油醚液面刚好降至柱顶滤纸面时，立即取处理好的样品提取液 2mL 沿柱壁慢慢加入柱内，并用少量石油醚冲洗柱壁。当柱内液面降至柱顶滤纸面时，即可用洗脱剂进行洗脱。

4. 洗脱

在柱顶装一滴液漏斗（或分液漏斗），加入 10～15mL 1∶9 丙酮-石油醚洗脱液，打开滴液漏斗旋塞让洗脱液缓缓滴入柱中，观察黄色谱带的出现，待其降至柱中部时，改用 1∶1 丙酮-石油醚进行洗脱。观察色带的出现（必要时可再增加洗脱液中丙酮的含量），并用锥形瓶分别收集各色带的流出液。

五、注意事项

1. 色谱柱应装填得均匀紧密，不能有气泡，也不能出现松紧不匀和断层现象，否则将影响渗滤速度和色带整齐。

2. 为保持柱子内吸附剂的均一性，必须让吸附剂一直浸泡在溶剂或溶液中，否则当柱中溶剂或溶液流干时，会使吸附剂干裂，出现断层。

六、思考题

1. 装柱、加样的操作中应注意哪些问题？

2. 在色谱分离过程中，为什么不要让柱内的液体流干和不让柱内留有气泡？

3. 如何选择吸附柱色谱所使用的吸附剂？如何选择其所使用的溶解样品的溶剂和洗脱剂？

实验10　石油醚的纯化与干燥

一、实验目的

1. 了解有机溶剂纯化的原理和方法。
2. 掌握分液漏斗的使用、干燥剂的使用、蒸馏操作以及不饱和烃的检验方法。

二、实验原理

石油醚是常用的有机溶剂，主要成分是戊烷和己烷的混合物。通常将石油醚分成沸程为 $30\sim60℃$、$60\sim90℃$、$90\sim120℃$ 等不同规格。石油醚中含有少量不饱和烃，其沸点与烷烃相近，用简单蒸馏方法，很难以分离。由于不饱和烃性质活泼，石油醚是作为惰性有机溶剂使用，因此必须除去所含不饱和烃和水分等杂质。实验室和工业部门都采用化学方法除去石油醚中的不饱和烃杂质。

$$\diagdown C = C \diagup + H_2SO_4 \xrightarrow{室温} \begin{array}{c} | \quad | \\ -C-C- \\ | \quad | \\ H \quad OSO_3H \end{array} \quad (硫酸氢酯)$$

硫酸氢酯溶于浓硫酸，不溶石油醚，两者密度相差较大，明显地分成两层，利用分液漏斗将硫酸层和石油醚分开，再将石油醚洗净，干燥、蒸馏，达到提纯目的。

三、主要仪器和药品

1. 仪器

50mL 分液漏斗、50mL 干燥的圆底烧瓶、干燥的锥形瓶、烧杯、水浴锅、量筒、托盘天平、温度计。

2. 药品

石油醚、浓硫酸、无水氯化钙、1%高锰酸钾溶液等。

四、实验内容

量取 25mL 石油醚（沸程为 $60\sim90℃$），小心倒入 50mL 分液漏斗中，慢慢加入 6mL 浓硫酸，盖好顶塞，充分振摇分液漏斗后，静置分层，放出下层硫酸。上层石油醚再用 6mL 浓硫酸洗涤一次。取少量石油醚，逐滴加入 1%高锰酸钾溶液，若观察到高锰酸钾紫色褪去，则仍需用浓硫酸洗涤。最后分别用 15mL 水洗涤石油醚两次。静置，彻底分尽水层，将石油醚倒入干燥的锥形瓶，加入 $1.5\sim2.0g$ 颗粒状的无水氯化钙，盖紧塞子，不时地振摇锥形瓶，干燥 30min 以上。

将干燥好的石油醚滤入 50mL 干燥的圆底烧瓶中，热水浴加热进行蒸馏，控制加热温度，使馏出速度为 1～2 滴/s，观察并记录蒸馏过程中的沸点变化。量取全部馏出液的体积，计算收率。

五、注意事项

1. 分液漏斗在振摇过程中要不时放气。

2. 分离水层时，应将水层彻底分净。

3. 石油醚为易燃有机物，实验过程切不可用明火，而且蒸馏操作须在良好的通风状况下进行，或用胶管将接液管出气口导出室外。

六、思考题

1. 石油醚作为惰性有机溶剂，为什么要用化学方法纯化？

2. 蒸馏低沸点易挥发有机化合物时，应注意哪些问题？

3. 如果在分液操作中，水分离不彻底，干燥剂加得太多或太少，对实验结果有什么影响？

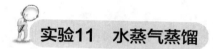

实验11　水蒸气蒸馏

一、实验目的

1. 了解水蒸气蒸馏的原理和方法。

2. 初步掌握水蒸气蒸馏的实验操作技能。

3. 了解苯胺的水蒸气蒸馏方法。

二、实验原理

水蒸气蒸馏是分离和提纯液态有机物的重要方法之一，使用这种方法时，被提纯的物质要不溶（或几乎不溶）于水，在沸腾条件下能长时间与水共存但不起化学变化；在 100℃ 左右时必须具有一定的蒸气压（一般不小于 1.333kPa）。

两种不混溶的挥发性物质混合在一起，整个体系的蒸气压力，根据道尔顿分压定律，应为各组分蒸气压之和。

即：
$$p_总 = p_A + p_B$$

当混合物中各组分蒸气压总和等于外界大气压时，混合物开始沸腾，其沸点较任何一个组分的沸点都低，因此，常压下应用水蒸气蒸馏，就能在低于 100℃ 的情况下将高沸点组分与水分蒸出来，水蒸气蒸馏特别适用于反应物中有树脂状杂质存在，或者某些有机物在达到沸点时会分解破坏的情况。

在水蒸气蒸馏的馏出液中，设有机物质量为 m_A，水的质量为 m_B，则两者质量比等于两者的分压与两者摩尔质量（m）的乘积之比。

$$\frac{m_A}{m_B} = \frac{M_A p_A}{M_B p_B}$$

例如：加热溴苯和水混合物至 95.5℃，混合物开始沸腾，在此温度下溴苯的蒸气压 15195.8Pa，水的蒸气压为 86126.3Pa，则蒸出液的组分可通过上式计算出：

$$\frac{m_A}{m_B} = \frac{157 \times 15195.8}{18 \times 86126.3} = \frac{6.6}{10}$$

通过计算可知，溴苯蒸气压虽小，但其相对分子质量比水大得多，所以按质量计算，馏出液中溴苯比水多，每蒸出 6.6g 水能够带出 10g 溴苯，溴苯在馏出液中占 61%。

上述计算只是近似的，因为有些有机物在水中有一定的溶解度，因此实际上得到的有机物比理论值低一些。

三、主要仪器和药品

1. 仪器

水蒸气发生器（或短颈圆底烧瓶）、100mL 圆底烧瓶、分液漏斗、温度计、空气冷凝管、水冷凝管、二口连接管、蒸馏头、锥形瓶、接液管、量筒。

2. 药品

苯胺、乙醚。

四、实验内容

1. 仪器装置

水蒸气蒸馏的简单装置如图 2-40，主要由水蒸气发生器和蒸馏装置两部分组成。

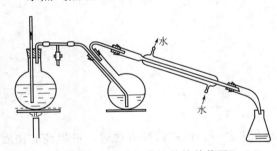

图 2-40 水蒸气蒸馏的简单装置

水蒸气发生器通常是铁皮制成的，也可用短颈圆底烧瓶代替，盛水量以其容积的 3/4 为宜，器口通过软木塞，插入一根长玻璃管作为安全管，管的下口接近容器底，当容器内气压太大时，水可沿着玻璃管上升，以调节内压，如果水蒸气导入管发生阻塞，水便会从管的上口喷出，此时应拆下装置，予以排除。

蒸馏部分由圆底烧瓶、二口连接管和蒸馏头组成，圆底烧瓶中加入待蒸馏的物质，其加入量不宜超过容积的 1/3，以便被水蒸气加热至沸而汽化出来。为了减少对蒸馏产率的影响，在水蒸气发生器与蒸气导管之间连一个三通管（T 形管）。T 形管的下端连一段软橡皮管和弹簧夹，用来在必要时排放冷凝水。

冷凝部分与接收器部分的安装和蒸馏装置相同。

2. 实验内容

检查好装置的气密性后，在水蒸气发生器中加入水和数块沸石，100mL 圆底烧瓶中加入 20mL 苯胺，然后加热水蒸气发生器，直至接近沸腾后才将弹簧夹夹紧，使水蒸气均匀地进入圆底烧瓶开始水蒸气蒸馏，这时只见瓶中的混合物不断翻腾，有机物和水的混合蒸气经冷凝管成乳浊液进入接收器，在操作时要时时注意观察安全管中的水位是否正常，如发现水位持续上升，就立即打开 T 形管的夹子，移去热源，将故障排除后，再继续蒸馏。

当馏出液澄清透明而不含油珠时，蒸馏操作就可以停止。先打开 T 形管的夹子与大气相通，然后停止加热，防止圆底瓶中的液体将会倒吸入水蒸气发生器中。

把蒸出液放入分液漏斗中，分出苯胺，其水层被食盐在烧瓶中饱和后，转移到分液漏斗中，用 50mL 乙醚分三次提取，提取液与前面分离出来的苯胺合并，再用粒状 NaOH 干燥后，蒸去乙醚，剩余物改用空气冷凝管进行蒸馏，收集 182～184℃ 的馏出液，计算产率。

五、注意事项

1. 检查好气密性，防止漏气。
2. 控制装水量，不超过容器容积的 3/4。
3. 控制样品的装入量，不超过容器容积的 1/3。
4. 蒸馏操作停止时，先打开 T 形管的夹子与大气相通，然后再停止加热，防止圆底瓶中的液体倒吸入水蒸气发生器。
5. 苯胺有毒，注意安全。

六、思考题

用水蒸气蒸馏来分离提纯的化合物应具备哪些条件？

实验12　减压蒸馏

一、实验目的

1. 了解减压蒸馏的原理、主要仪器设备及装置。
2. 了解减压蒸馏时要注意的安全问题。
3. 熟悉基本操作技术。

二、实验原理

分离与纯化有机化合物经常使用减压蒸馏这一重要操作。有些有机化合物往往加热未到沸点即已分解、氧化、聚合，或因其沸点很高，因此不能用常压蒸馏方法进行纯化，而采用降低系统内压力，以降低其沸点来达到蒸馏纯化的目的。减压蒸馏也称真空蒸馏，一般把低于一个大气压的气态空间称为真空，因此真空在程度上有很大差别。

由于液体表面分子逸出所需要的能量随外界压力降低而降低，所以，设法降低外界压力便可降低液体的沸点。沸点与压力的关系可近似用下式求出：

$$\lg p = A + \frac{B}{T}$$

式中，p 为蒸气压；T 为沸点（绝对温度）；A、B 为常数。

如以 $\lg p$ 为纵坐标、B/T 为横坐标，可以近似地得到一条直线。从两组已知的压力和温度标出 A 和 B 的数值，再将选择压力代入上式，计算出液体的沸点。

一般来说，当压力降低到 2.67kPa（20mmHg）时，大多数有机物的沸点比常压（0.1MPa，760mmHg）下的沸点低 100～120℃。

三、主要仪器和药品

1. 仪器

25mL 克氏蒸馏瓶（Claisen）（双颈的减压蒸馏瓶）、冷凝管、多尾接液管、接收瓶、温度计，带磨口的厚壁试管、油泵、水银压力计、干燥塔、吸滤瓶、广口保温瓶、量筒。

2. 药品

无水氯化钙（或硅胶）、粒状氢氧化钠，石蜡片、乙酰乙酸乙酯。

四、 减压蒸馏装置

减压蒸馏使用的仪器装置参见图 2-41，装置可分为如下三部分。

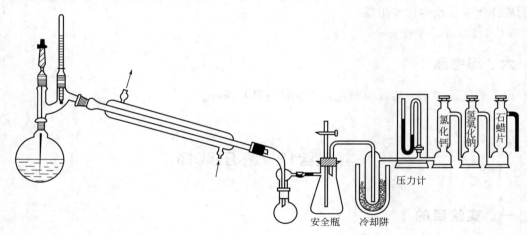

图 2-41 乙酰乙酸乙酯减压蒸馏装置

1. 蒸馏部分

由双颈的减压蒸馏瓶［又称克氏（Claisen）蒸馏瓶］、冷凝管、多尾接液管和接收瓶组成。用克氏蒸馏瓶的目的是为了避免减压蒸馏时由于瓶内液体沸腾而冲入冷凝管中。克氏蒸馏瓶的一个颈插入温度计，另一颈插入毛细管，其下端离瓶底 1～2mm，其上端套一段短橡皮管，在橡皮管中插入一根直径约为 1mm 的金属丝，用螺旋夹夹住，在减压蒸馏时能进入少量空气或惰性气体，作为被蒸液的汽化中心，同时又起一定的搅拌作用。这样可以防止液体暴沸，使沸腾保持平稳。用多尾接液管的目的是在蒸馏过程中不中断减压而能收集不同的馏分。若只收集一种馏分接收器可用蒸馏烧瓶或带磨口的厚壁试管等（绝不能用锥形瓶）。

2. 抽气减压部分

通常用油泵，若真空度要求不高，也可用水泵。

3. 保护及测压装置

由于油泵是结构精密的机械装置，有机溶剂、水及酸性气体都会损坏油泵，使其达不到真空度的要求，必须有保护装置。即：在接收器和油泵之间，顺次装上冷却阱、水银压力计、干燥塔和缓冲用的吸滤瓶，其中缓冲瓶的作用是使仪器装置内的压力不发生太突然的变化以及防止泵油的倒吸。将冷却阱置于盛有冷却剂的广口保温瓶中。冷却剂的选择要根据需要而定，例如，可用冰-水、冰-盐、干冰与丙酮等。后者能使温度降至−78℃。干燥塔（又称吸收塔）通常设置两个，前一个装无水氯化钙（或硅胶），后一个装粒状氢氧化钠，有时为了吸除烃类气体，可再加一个装石蜡片的吸收塔。见图2-41。在使用水泵时，不必使用保护装置。测压用水银压力计，安全瓶用于调节蒸馏系统的真空度即内部气压。

五、 操作要点

1. 认真地按减压蒸馏装置图（图2-41）装好仪器。在克氏蒸馏瓶中，装入待蒸馏的液体（注意液体量不超过蒸馏瓶容积的1/2）。

2. 使用油泵进行减压蒸馏前，应先进行普通蒸馏及用水泵减压蒸馏，除去低沸点物质。加热温度以产品不分解为原则。

3. 仔细地检查整个减压蒸馏系统，看装置是否合理，如玻璃仪器是否破裂、接头部分是否密合等。待检查妥当后，旋紧毛细管抽气。逐渐关闭安全瓶上的二通活塞。从压力计上观察系统所能达到的真空度。再小心旋转安全瓶上的二通活塞，缓慢地引进少量空气以调节至所需要真空度。如仍有少量差距，可适当调节毛细管上的螺旋夹，使液体中有连续平稳的小气泡通过。开始用油浴加热，控制油浴温度比待蒸液的沸点高20～30℃，使蒸馏速度控制在馏出液每秒1～2滴。在蒸馏过程中，应注意水银压力计的读数，记录下时间、压力、液体沸点、油浴温度和馏出液流出的速度等数据。纯化合物沸点范围一般不超过1～2℃。当达到欲蒸馏液的沸点时，小心转动接液管，收集馏出液，直到蒸馏结束。

4. 蒸馏结束和蒸馏过程中需要中断时均应先移去热源，撤去热浴，待稍冷却后，打开毛细管上的螺旋夹，缓慢打开安全瓶上的二通活塞解除真空，这一操作须特别小心，一定要慢慢地旋开旋塞，使压力计中的水银柱慢慢地恢复到原状，如果引入空气太快，水银柱会很快地上升，有冲破U形管压力计的可能。使系统内外压力平衡后方可关闭油泵。待仪器装置内的压力与大气压力相等后，方可拆卸仪器。

5. 减压蒸馏系统有时因漏气而达不到所要求的真空度（不是水泵和油泵本身的原因）。应分段在每个连接位置涂肥皂水检查，也可先分段关注，看压力有无变化，帮助判断漏气的接头。在漏气部位涂少许熔化的石蜡，在涂蜡的缝隙处用电吹风加热再熔。涂蜡应在解除真空的条件下进行。

六、 乙酰乙酸乙酯的减压蒸馏

量取10mL乙酰乙酸乙酯，装入25mL克氏蒸馏瓶中，按图2-41安装好减压蒸馏装置，按上述操作要点进行减压蒸馏。乙酰乙酸乙酯的压力与沸点的关系如下表所示。

压力/mmHg /kPa	760 101.3	80 10.6	30 4.0	20 2.7	14 1.9	12 1.6	7 0.9
沸点/℃	180	100	88	82	74	71	30

当蒸馏完毕后，除去热源，待蒸馏瓶稍冷后，打开毛细管上端的螺旋夹，观察压力计上的水银柱，同时用手缓慢打开安全瓶上的二通活塞，解除真空后关闭油泵。取出所需馏分，测折射率，量出体积后，计算产率。

七、 注意事项

1. 必须先撤去热浴，待蒸馏瓶内温度降低后才能解除真空，以免发生意外。

2. 必须在密切注视压力计上水银柱的情况下，才能缓慢打开安全瓶上的二通活塞，先慢后快地解除真空，以免发生意外事故。

八、 思考题

1. 简述减压蒸馏原理、所需仪器设备及安装的注意事项。

2. 哪些有机化合物可用减压蒸馏的方法进行分离提纯？

3. 为什么在减压蒸馏时要用毛细管而不用沸石作为气化中心；如果毛细管堵塞不通，减压蒸馏时会发生什么问题，应如何处理？

4. 用油泵进行减压蒸馏前，为什么要先用普通蒸馏或水泵蒸馏除去低沸点物质？

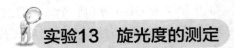

实验13 旋光度的测定

一、实验目的

学习旋光仪的结构和使用方法，了解手性物质旋光度与比旋光度的概念。

二、实验原理

许多天然有机化合物的分子具有手性，能使偏振光振动平面旋转，使偏振光振动平面向左旋转的为左旋性物质，使偏振光振动平面向右旋转的为右旋性物质。

一个化合物的旋光性，可用它的比旋光度来表示。物质的旋光度与溶液的浓度、溶剂、温度、盛液管长度和所用光源的波长等都有关系。因此在测定旋光度时各有关因素都应表示出来。

$$纯液体的比旋光度 \quad [\alpha]_\lambda^t = \frac{\alpha}{l\rho}$$

$$溶液的比旋光度 \quad [\alpha]_\lambda^t = \frac{\alpha}{l\rho_B} \times 100$$

式中 $[\alpha]_\lambda^t$ ——旋光性物质在温度为 t，光源的波长为 λ 时的比旋光度；

      t ——测定时温度，℃；

      λ ——光源的光波长，常用的单色光源为钠光灯的 D 线（$\lambda = 589.3\,\text{nm}$），可用 "$D$" 表示；

      α ——标尺盘转动角度的读数（即旋光度）；

      l ——盛液管的长度，dm；

ρ——密度，$g \cdot mL^{-1}$；

ρ_B——质量浓度，$g \cdot mL^{-1}$。

比旋光度是旋光性物质的特性常数之一。化学手册、文献上多有记载。规定：每毫升含1g旋光性物质的溶液，放在1dm长的样品管中，所测得的旋光度称为比旋光度。测定已知物溶液的旋光度，再查其比旋光度，计算出已知物溶液的浓度；将未知物配制成已知浓度的溶液，测其旋光度，再计算出比旋光度，与文献值对照，可以检定旋光性物质的纯度和含量。测定旋光度的仪器叫旋光仪，其基本结构如图2-42所示。

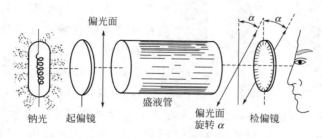

图 2-42　旋光仪基本结构

光线从光源经过起偏镜，再经过盛有旋光性物质的盛液管（图2-43）时，因物质的旋光性使偏振光振动平面发生偏转，致使偏振光不能通过第二个棱镜，必须扭转检偏镜，才能通过。因此，要调节检偏镜进行配光，由标尺盘上移动的角度，可以指示出检偏镜的转动角度，即为该物质在此浓度时的旋光度。

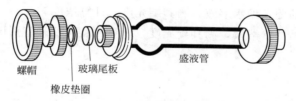

图 2-43　盛液管基本结构

三、主要仪器和药品

1. 仪器

旋光仪、150mL容量瓶、托盘天平。

2. 药品

葡萄糖、果糖。

四、实验内容

1. 被测样品的配制

准确称取葡萄糖15g置于150mL容量瓶中，用蒸馏水配成水溶液；未知浓度的葡萄糖溶液；未知糖溶液 $[15g \cdot (150mL)^{-1}]$ 待用。

2. 仪器的预热

接通电源，打开开关，预热5min，使钠光灯发光正常（稳定的黄光）后即可开始工作。

3. 旋光仪零点的校正

在测定样品前，先用蒸馏水校正旋光仪的零点。取下盛液管一头的螺帽及玻璃盖橡皮圈，然后将盛液管竖起，注入蒸馏水至管口，因表面张力而形成的凸液面中心高出管顶，这时装上盛液管的玻璃盖、橡皮圈，旋上螺帽，直到不漏水为止。螺帽不能旋得太紧，否则护片玻璃会被拧破，注意测定管中不应留有气泡，否则影响读数的准确性。然后将测定管两头残余溶液擦干，以免影响观察清晰度及测定精度。将盛液管擦干，放入旋光仪内，罩上盖子，开启钠光灯，调节仪器目镜的焦点，使图像清晰。检查仪器零位是否正确，即在仪器未放盛液管或放进充满蒸馏水的盛液管时，旋转度盘手轮，使视场中三部分亮度一致，即使视场内Ⅰ和Ⅱ部分的亮度均匀一致，且在向左或向右旋时都使视场中三部分明暗相间、界限分明，看刻度盘是否在零位，如不在零位，说明零位有误差，必须记下数据供测量时校正（图

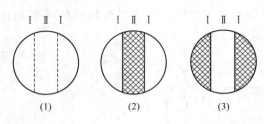

图 2-44　旋光仪三分视场

2-44），重复操作至少五次，取其平均值，应在测量读数中减去或加上该偏差值，若零点相差太大，应重新校正。盛液管用完后要及时将溶液倒出，用蒸馏水洗涤干净，揩干放置好。所有镜片均不能直接用手擦干，而应用镜头纸擦干。

4. 旋光度的测定

（1）用配好的已知浓度的葡萄糖溶液洗盛液管 2～3 次，依上法测定其旋光度。这时所得的读数与零点之间的差值即为该物质的旋光度。记下盛液管的长度，溶液的温度，然后按公式计算其比旋光度。

（2）取未知浓度的葡萄糖水溶液，测其旋光度，计算浓度。

（3）取未知糖样品的水溶液，测其旋光度，计算比旋光度。鉴别该未知糖的种类。

五、注意事项

1. 螺帽不能旋得太紧。

2. 注意测定管中不应留有气泡。

3. 找准三分视场。

4. 盛液管用完后要及时将溶液倒出，用蒸馏水洗涤干净，揩干放置好。

六、思考题

1. 测旋光度时光通路上为什么不能有气泡？

2. 若测定浓度为 $5g \cdot (100mL)^{-1}$ 的果糖溶液的旋光度，能否配制好后立即测定？为什么？

实验14　阿贝折射仪测乙醇的折射率

一、实验目的

1. 了解折射率测定的意义。

2. 掌握阿贝（Abbe）折射仪的使用方法。

二、实验原理

光在不同介质中传播的速度不同。当光从一个介质进入另一个介质时，它的传播方向发生改变，这一现象称为光的折射（图2-45）。根据折射定律，波长一定的单色光线，在一定的外界条件（如温度、压力等）下，光在介质 A 和介质 B 中的传播速度之比（c_A/c_B）等于光在两种介质间的入射角与折射角的正弦之比，比值 n 就是折射率。

$$n = c_A/c_B = \sin\alpha/\sin\beta$$

由于物质的密度对光的传播速度有影响，而密度又是物质的特征物理性质之一，因此测定折射率可以鉴定有机物。折射率是有机

图 2-45　折射现象

物重要的物理常数之一，尤其是液态有机物的折射率，一般化学手册、文献多有记载。折射率也用于确定液体混合物的组成，对于蒸馏所得的混合物且当组分的沸点彼此接近时，就可利用折射率来确定馏分的组成。

影响物质折射率的因素不仅有物质的结构和入射光的波长，还有温度、压力等因素，一般来讲，当温度升高1℃时，液体有机化合物的折射率就减少 $3.5\times10^{-4}\sim5.5\times10^{-4}$，在实践中，一般使用 4×10^{-4} 作为温度变化常数。如果用 20℃ 时，以钠灯作光源（波长为589.3nm）测得折射率，则表示为 n_D^{20}。实测温度 t 下的折射率 n_D^t 可以表示如下。

$$n_D^{20} = n_D^t + 4.5\times10^{-4}(t-20)$$

光由密度小的介质 A 进入密度大的介质 B 时，则折射角 β 必小于入射角 α，当入射角 $\alpha = 90°$时 $\sin\alpha = 1$，此时折射角达最大值 β_0，称为临界角，显然，在一定波长与一定条件下 β_0 也是个常数，它与折射率的关系是：$n = 1/\sin\beta_0$

由此可见，通过测定临界角 β_0 就可以求得物质的折射率，这就是阿贝折光仪的基本光学原理。

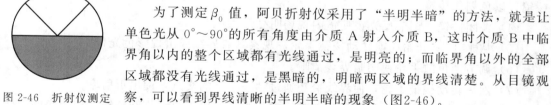

图 2-46　折射仪测定
半明半暗现象

为了测定 β_0 值，阿贝折射仪采用了"半明半暗"的方法，就是让单色光从 0°～90°的所有角度由介质 A 射入介质 B，这时介质 B 中临界角以内的整个区域都有光线通过，是明亮的；而临界角以外的全部区域都没有光线通过，是黑暗的，明暗两区域的界线清楚。从目镜观察，可以看到界线清晰的半明半暗的现象（图2-46）。

介质不同，临界角也不同，目镜中明暗两区的界线位置也不一样。在目镜中刻有一个十字交叉线，调整介质 B 与目镜的相对位置，使明暗两区的交界线总是通过十字交叉线的交点，通过测定相对位置（角度），经过换算，便可得到折射率。从阿贝折射仪的标尺刻度可直接读出经换算后的折射率。

阿贝折射仪有消色散系统，可直接使用日光，所测折射率同使用钠光光源一样。

三、主要仪器和药品

1. 仪器

阿贝折射仪。

2. 药品

丙酮、无水乙醇、蒸馏水、未知样品 2～3 个。

四、实验内容

1. 仪器的操作

阿贝折射仪的构造见图 2-47。

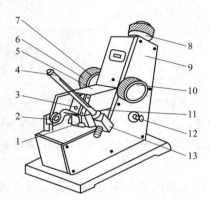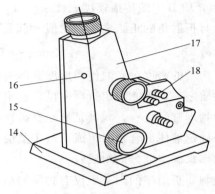

图 2-47　阿贝折射仪的结构

1—反射镜；2—转轴；3—遮光板；4—温度计；5—进光棱镜座；6—色散调节手轮；7—色散值刻度圈；
8—目镜；9—盖板；10—手轮；11—折射棱镜座；12—照明刻度盘聚光镜；13—温度计座；14—底座；
15—刻度调节手轮；16—小孔；17—壳体；18—恒温器接头

用阿贝折射仪测定有机化合物的折射率时，基本操作如下。

（1）将折射仪置于光源充足的桌面上，记录温度计所示温度。

（2）旋开棱镜的锁紧扳手，打开棱镜，用洁净的擦镜纸沾少许乙醇或丙酮，轻轻擦洗上面镜面。

（3）待乙醇或丙酮挥发干后，加一滴蒸馏水于下面的镜面上，切记滴管的末端不可触及棱镜，以免划伤棱镜。

（4）关闭棱镜，调节反光镜使镜内视场明亮。

（5）从 1.3000 开始向前转动棱镜手轮，观察到有界线或出现彩色光带。

（6）调节消色散手轮使明暗界线清晰。

（7）然后转动棱镜手轮，使界线恰巧通过"＋"字的交点，读出折射率。

（8）重复两次测得纯水的平均折射率，求折光仪的校正值。打开棱镜，用干净的脱脂棉球蘸少许洁净的丙酮，单方向擦洗反射镜和进光棱镜（切勿来回擦）。

（9）用上述的方法测待测液体样品的折射率。待溶剂挥发干后，用滴管将待测液体滴加到进光棱镜的磨砂面上 2～3 滴，关紧棱镜，使液体夹在两棱镜的夹缝中成一液层，液体要充满视野，无气泡。若被测液体是易挥发物，则在测定过程中，需从棱镜侧面的小孔注加样液，保证样液充满棱镜夹缝。

（10）使用完毕，用洁净柔软的脱脂棉或擦镜头纸，将棱镜表面的样品揩去，再用蘸有丙酮的脱脂棉球轻轻擦拭镜面，再用丙酮或乙醇擦净镜面，待晾干后再闭上棱镜。

2. 样品的测定

（1）测定无水乙醇或蒸馏水的折射率。

(2) 测定未知样品（教师提供 2～3 个）。

(3) 每个样品重复测定三次，记录读数，取平均值，换算出 20℃时的折射率。

(4) 参照折射率的标准值[注]，确定乙醇是否纯净。

五、注意事项

1. 在滴加样品时，要防止滴管触碰折射镜表面，否则镜面会划出伤痕而损坏。

2. 不要用阿贝折射仪测定强酸、强碱等有腐蚀性的液体。

3. 操作过程中，严禁油渍或汗水触及光学零件，以免污染零件。搬动仪器时，应避免强烈振动或撞击，以防止光学零件损伤及影响精度。

4. 阿贝折射仪使用一段时间后，应用标准玻璃块校对读数。

5. 如果需要测定某一特定温度时的折射率时，用橡皮管把棱镜上恒温器接头与超级恒温槽连接起来，把恒温槽的温度调节到所需的测量温度，待温度稳定 10min 后，即可进行测量。

六、附注

不同温度下水和乙醇的折射率

温度/℃	14	16	18	20	24	26	28	32
水的折射率	1.33348	1.33333	1.33317	1.33299	1.33262	1.33241	1.33217	1.33164
乙醇的折射率	1.36210	1.36120	1.36048	1.35885	1.35803	1.35721	1.35557	

七、思考题

1. 简述测定折射率的原理及测定折射率的意义。

2. 将实验温度下所测得的乙醇折射率，换算为 20℃时的折射率。

实验15 50%的乙醇的分馏技术

一、实验目的

1. 掌握分馏的原理，学会分馏仪器的使用方法。

2. 学会分馏操作技术。

二、实验原理

应用分馏柱将几种沸点相近的混合物进行分离的方法称为分馏，实际上分馏就是多次蒸馏。

分馏是利用分馏柱来进行的，分馏柱是一根长而垂直，柱身有一定形状的空管，或者在管中填以特制的填料，目的是增大气液两相的接触面积，提高分离效果，当混合物的蒸气进入分馏柱时，不断上升的蒸气和重新冷凝下来的液体相遇时，两者之间进行了热交换，沸点较高的组分被冷凝下来，沸点低的组分继续汽化上升，如此经过多次的液相与气相的热交换，使得低沸点的物质不断上升，最后被蒸馏出来，高沸点的物质则不断流回加热的容器中，从而将沸点不同的物质分离，当分馏柱的柱体足够高时，达到柱顶的蒸气绝大部分是低沸点、纯净易挥发组分，流回烧瓶里的是高沸点、纯净物质，从而达到较好的分离效果。

三、主要仪器和药品

1. 仪器

圆底烧瓶、蒸馏头、温度计、真空接液管、韦氏分馏柱、直形冷凝管、温度计套管、磨口锥形瓶、量筒。

2. 药品

50％乙醇、碘溶液、5％氢氧化钠溶液。

四、实验内容

1. 第一次分馏

按图 2-48 所示，将仪器按照从下到上从左到右的顺序安装好，并将烧瓶、分馏柱、冷凝管用铁夹固定在铁架台上。

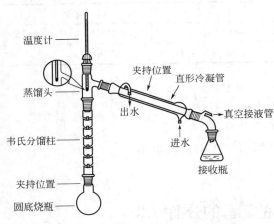

温度计——
蒸馏头——
夹持位置
直形冷凝管
出水
韦氏分馏柱
进水
真空接液管
接收瓶
夹持位置
圆底烧瓶

图 2-48　乙醇分馏装置

量取 100mL 50％乙醇加到 250mL 短颈烧瓶中，放进几粒沸石，打开冷凝水，用电热套加热。沸腾后，及时调节火力大小，使蒸气缓慢而均匀地沿分馏柱壁上升，当温度计水银球上出现液滴时，记录下第一滴馏出液滴入接收瓶时的温度。调小火力，让蒸气回流到蒸馏烧瓶中，维持 5min 左右，调大火力进行分馏，使馏出液速率为 1 滴/2～3s。分别收集柱顶温度为 76℃以下、76～83℃、83～94℃、94℃以上的馏分。当柱顶温度达到 94℃时停止分馏，让分馏柱内的液体回流入烧瓶中。待烧瓶冷却至 40℃时，将瓶中残液与 94℃以上的馏分合并。量出并记录各段馏分的体积。

2. 第二次分馏

为了得到更纯的组分，常需进行第二次分馏或多次分馏。按上面的操作，将 76℃以下的馏分加热分馏，收集 73～76℃之间的馏分。当温度计升至 76℃时暂停分馏。待烧瓶冷却后，将 76～83℃馏分倒入烧瓶残液中，补加沸石，继续加热分馏，分别收集 76℃以下和 76～83℃的馏分。当温度升至 83℃时又暂停加热，将 83～94℃的馏分继续分馏，分别收集 76℃以下、76～83℃、83～94℃的馏分，将同温度段的馏分合并，最后将残液与第一次分馏的残液合并。量出和记录第二次分馏所得各级馏分的体积。

3. 定性分析分馏效果

四种馏分各取 5 滴分别放到试管中，分别加入 6～8 滴碘溶液，溶液首先呈深红色，逐滴加入 5% 氢氧化钠溶液，振荡试管至液体显微黄色为止，观察碘仿沉淀生成的量以判断乙醇的含量。

五、注意事项

1. 分流柱顶温度计的水银球与支管底部相平。
2. 开始加热时要控制加热速度，加热不宜过快。
3. 控制火力使馏出液速率为 1 滴/2～3s。
4. 第二次分馏时要重新加入沸石。

六、思考题

1. 分馏柱的作用原理是什么？影响分馏效率的主要因素是什么？
2. 分馏和蒸馏在原理和装置上有什么不同？
3. 分流柱顶温度计的水银球位置偏高或偏低，对分馏段温度有什么影响？

实验16　无水乙醇和绝对乙醇的制备

一、实验目的

1. 掌握制备无水乙醇、绝对乙醇的原理和方法。
2. 学习回流、蒸馏操作，了解无水操作的要求。

二、实验原理

纯净的无水乙醇沸点是 78.5℃，它不能直接用蒸馏法制得。因为 95.5% 的乙醇和 4.5% 的水可组成共沸混合物。若要得到无水乙醇，在实验室中可以采用化学方法。例如，加入氧化钙加热回流，使乙醇中的水与氧化钙作用生成不挥发的氢氧化钙来除去水分。

$$CaO + H_2O \longrightarrow Ca(OH)_2$$

用此法制得的无水乙醇，其纯度可达 99.0%～99.5%，这是实验室制备无水乙醇最常用的方法。

用氧化钙处理所得的乙醇，如果再进一步用金属镁去掉最后微量水分，乙醇含量可达 99.95%～99.99%。

$$Mg + 2CH_3CH_2OH \longrightarrow Mg(CH_3CH_2O)_2 + H_2 \uparrow$$
$$Mg(CH_3CH_2O)_2 + 2H_2O \longrightarrow Mg(OH)_2 + 2CH_3CH_2OH$$
$$总反应式：Mg + 2H_2O \longrightarrow Mg(OH)_2 + H_2 \uparrow$$

三、主要仪器和药品

1. 仪器

250mL 干燥的圆底烧瓶、球形冷凝管、干燥管、干燥的吸滤瓶、量筒、托盘天平阿贝折射仪。

2. 药品

95％乙醇、氧化钙、无水氯化钙、镁粉。

四、实验内容

在 250mL 干燥的圆底烧瓶中，放入 95％乙醇 100mL，慢慢加入 25g 砸成碎块的氧化钙，装上回流装置，其上端接一氯化钙干燥管，在沸水浴上加热回流 1.5h，直到氧化钙变成糊状，停止加热，稍冷后取下球形冷凝管，取 0.5mL 回流液放到干燥的试管中，加入一粒高锰酸钾晶体，液体不呈紫色表示乙醇中水含量不超过 0.5％。改成蒸馏装置。蒸去前馏分（约 5mL）后，用干燥的吸滤瓶做接收器，其支管接一氯化钙干燥管，使与大气相通。用水浴加热，蒸馏至几乎无液滴流出为止。测量无水乙醇的体积，计算回收率，并测定其折射率。

无水乙醇的沸点为 78.5℃，密度为 0.7893，折射率：1.3611。

在 250mL 干燥的圆底烧瓶中，放入 99.5％乙醇 10mL 和 0.5g 除去氧化层的镁条或镁粉。在水浴上微热后，移去热源，立即投入几小粒碘片（不要震荡），不久碘粒周围即发生反应，慢慢扩大，最后达到比较剧烈的程度。当全部镁条反应完毕后，加入 99.5％乙醇 100mL 和几粒沸石，加热回流 1h。稍冷后，取下冷凝管，改成蒸馏装置进行蒸馏，收集全部馏分。

五、注意事项

1. 实验中所用仪器，均需彻底干燥。

2. 由于无水乙醇具有很强的吸水性，所以要防止水分侵入。冷凝管顶端及接收器上的氯化钙干燥管就是为了防止空气中的水分进入反应瓶中。

3. 回流时沸腾不宜过分猛烈，以防液体进入冷凝管的上部，如果遇到上述现象，可适当调节温度（如将液面提到热水面上一些，或缓慢加热），始终保持冷凝器中有连续液滴即可。

4. 一般用干燥剂干燥有机溶剂时，在蒸馏前应先过滤除去干燥剂。但氧化钙与乙醇中的水反应生成氢氧化钙，加热时不分解，故可留在瓶中一起蒸馏。

六、思考题

1. 你认为制备无水乙醇的关键是什么？

2. 本实验为何用氧化钙而不用氯化钙作无水乙醇的脱水剂？

3. 本实验为何用镁而不用钠？

第三章　有机化合物的基本性质及官能团检验技术

Chapter 03

实验17　元素的定性分析

一、实验目的

1. 了解元素定性分析的原理和意义。
2. 掌握碳、氢、氮、硫及卤素等常见元素的检验方法。

二、实验原理

元素定性分析的目的在于鉴定组成某一有机化合物的元素，以便选择进一步鉴定有机未知样品的方法与途径，元素定性分析又是进行有机样品定量分析的准备阶段。

一般有机化合物都含有碳、氢两种元素，试样若能燃烧生成带烟的火焰或在强热时炭化，就说明其中有碳，但并非所有的有机化合物都是如此，所以通常的检验方法是将样品与干燥的氧化铜粉末混合后强热，使碳元素氧化成二氧化碳，氢元素氧化成水，然后分别给予检验。

由于有机化合物一般是共价化合物，在水中很难解离成相应的离子。故要鉴定氮、硫和卤素，首先要把样品分解，使这些元素转变成离子，然后利用无机物定性分离的原理和方法进行鉴定。最常用的分解样品的方法是钠熔法，即将有机化合物与金属钠混合共熔，使有机物中的氮、硫、卤素等元素转化为氰化钠、硫化钠、硫氰化钠、卤化钠、氢氧化钠等可溶于水的无机物，然后利用无机物定性分析的原理和方法进行鉴定。

$$有机物（含 C、H、O、N、S、X）\xrightarrow[\triangle]{钠熔} \begin{cases} NaCN \\ Na_2S \\ NaSCN \\ NaX \\ NaOH \\ \cdots\cdots \end{cases}$$

若有机物在空气中经高温灼烧后，留有不挥发的白色残渣，冷却后加蒸馏水，溶液呈碱性，说明样品中含有钠、钾等活泼金属元素。

三、主要仪器和药品

1. 仪器

试管、酒精喷灯、火柴、铁架台、有导管的软木塞、研钵、托盘天平、镊子、酒精灯、烧杯、漏斗、漏斗架、滤纸、玻璃棒、离心机、量筒。

2. 药品

氧化铜、金属钠、石灰水、2%氯化铁溶液、5%氯化铁溶液、15%盐酸溶液、10%氢氧化钠溶液、5%硫酸亚铁铵溶液、0.5%亚硝基铁氰化钠溶液、冰醋酸、10%醋酸溶液、醋酸铜-联苯胺试剂、2%醋酸铅溶液、15%硝酸溶液、5%硝酸银溶液、1%高锰酸钾溶液、蔗糖、无水乙醇、草酸、四氯化碳、烯丙醇。

四、实验内容

（一）碳、氢的检验

称取0.2g干燥的蔗糖和1g干燥的氧化铜粉末[1]放在研钵中混合均匀、研细。把样品装入干燥的试管中，配上装有导管的软木塞，用铁夹固定在铁架台上，试管口略向下倾斜，把导管伸入盛有2mL澄清石灰水的试管里（装置见图3-1）。在试管下先小火加热，再加强热，观察现象[2]。如果石灰水变浑浊，表明有二氧化碳生成，试管口或试管壁上有水滴生成，表明有水生成，可知样品中有碳、氢元素。试验完毕，先将导管从石灰水中取出后，再熄灭灯火。

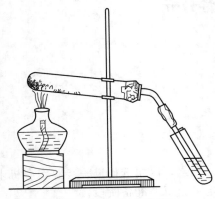
图3-1 碳、氢的检验

（二）氮、硫和卤素的检验

1. 样品的钠熔

用镊子取一粒绿豆大小的金属钠[3]，用滤纸拭干钠表面附着的煤油，迅速放入一支垂直夹在铁架台上的洁净试管中，用酒精灯小火加热，使钠熔成球状。待钠蒸气充满试管下半部时，移开酒精灯，迅速加入0.1g固体样品或几滴液体样品[4]，使其落到试管下半部的钠蒸气中[5]。待反应缓和时，重新加热，使试管底部烧到红热，并持续1~2min，使样品完全分解。冷却至室温后慢慢加1~2mL无水乙醇以除掉过量的钠。待无氢气放出时，再继续加热试管，先小火加热，蒸去乙醇，再加强热，使试管烧红，并立即将红热的试管底部浸入盛有13mL蒸馏水的小烧杯中，试管底部立即破裂[6]。然后将这些混合物煮沸，连同试管碎片过滤。滤渣用蒸馏水洗涤2~3次，合并滤液和洗涤液（约25mL），得到无色澄清的碱性溶液。此溶液可供氮、硫和卤素的定性分析用。如果溶液呈棕色，表示试样加热不足，分解不完全，要重做。

2. 氮、硫和卤素的检验

（1）硫的鉴定

① 硫化铅试验 取一支试管，加入1mL钠熔溶液，加入10%醋酸呈酸性，再加3滴2%醋酸铅溶液，若有黑褐色沉淀生成，证明样品中含有硫。

$$Na_2S + Pb(CH_3COO)_2 \longrightarrow PbS\downarrow + 2CH_3COONa$$
黑色

② 亚硝基铁氰化钠试验 取一支试管，加1mL钠熔溶液和2滴新配制的约0.5%亚硝基铁氰化钠溶液（使用前临时取1小粒亚硝基铁氰化钠溶于数滴蒸馏水中配制）1~2滴，

若溶液呈紫红色或深红色，证明样品中含有硫。

$$Na_2S + Na[Fe(CN)_5NO] \longrightarrow Na_2[Fe(CN)_5NOS]$$
紫红色

（2）氮的检验

① 普鲁士蓝试验　取一支试管，加入 2mL 钠熔溶液和 1mL 新配制的 5％硫酸亚铁铵溶液，再加 5 滴 10％氢氧化钠溶液，使溶液呈明显碱性。将此溶液煮沸一会儿，如果含有硫，就会出现黑色的硫化亚铁沉淀，加入 15％的盐酸酸化，使沉淀恰好溶解（不必过滤），再加入 2％氯化铁溶液 2 滴，若有蓝绿色或蓝色的沉淀出现，证明样品中含有氮[7]。

$$6NaCN + FeSO_4 \longrightarrow Na_4[Fe(CN)_6] + Na_2SO_4$$
$$3Na_4[Fe(CN)_6] + 4FeCl_3 \longrightarrow Fe_4[Fe(CN)_6]_3 \downarrow + 12NaCl$$
普鲁士蓝

② 醋酸铜-联苯胺试验　取一支试管，加 1mL 钠熔溶液，用 5 滴 10％醋酸酸化，然后沿试管壁慢慢加入几滴醋酸铜－联苯胺试剂，不要摇动试管，若在两层交界处出现蓝色环[8]，表明样品中含有氮。若样品中含有硫时，应加 1 滴 2％醋酸铅（不可多加！）后进行离心分离，取上层澄清液进行试验。样品中含有碘时也有此反应，本试验的灵敏度比普鲁士蓝试验要高些。

（3）硫和氮同时检验[9]

取一支试管，加 1mL 钠熔溶液，用 15％盐酸酸化，再加 5％氯化铁溶液 1 滴，如有血红色出现，证明样品中含有硫氰酸根离子（SCN⁻）。

$$FeCl_3 + 3NaSCN \longrightarrow Fe(SCN)_3 + 3NaCl$$
血红色

（4）卤素的检验

① 硝酸银溶液试验

取一支试管，加 1mL 钠熔溶液，用 15％硝酸酸化，在通风橱中煮沸 3min，除去氰化氢或硫化氢[10]。如有沉淀[11]，则过滤除去。冷却后加数滴 5％硝酸银溶液（如样品中无硫、氮，则酸化后可直接滴加 5％硝酸银溶液），若有大量白色或黄色沉淀析出，表明样品中有卤素。

$$NaX + AgNO_3 \longrightarrow AgX \downarrow + NaNO_3$$
白色或黄色

② 氯、溴、碘的鉴定

取 0.5mL 钠熔溶液于试管中加 5 滴 1％高锰酸钾溶液及 5 滴 15％硝酸，将试管振荡 2～3min 后，加入 15～20mg 草酸晶体，除去过量的高锰酸钾，然后加入约 1mL 四氯化碳，振荡 1～2min，静置分层，如下层有机层呈棕红色，表明有溴或溴与碘同时存在；如有机层呈浅紫色或紫色，表明有碘没有溴；如有机层无色，表明溴、碘都没有。如有机层为棕红色，加几滴烯丙醇，振荡，棕色褪去变成紫色，表明溴、碘同时存在。如有机层变成无色，则表明没有碘。取出水层，加 1mL 15％硝酸，煮沸 2min，冷却后加 5％硝酸银溶液，如生成白色沉淀，表明有氯存在。

附注

[1] 氧化铜容易从空气中吸潮，有时也可能夹带有机杂质，使用前可放在坩埚内强热几分钟，以除去

杂质，然后放在干燥器中冷却待用。样品也须预先干燥，除去水分或结晶水。

[2] 反应中产生的红色物质金属铜或氧化亚铜可用少量的稀硝酸除去。

[3] 用镊子从煤油中取出金属钠后，应用小刀切除外表的氧化层，剩下的金属钠和切下的外表应放回原瓶中，绝不可弃于水槽、废液缸中。

[4] 样品中应加入少许蔗糖或葡萄糖，以便氮能与碳、钠充分反应，转化为氰化钠。用几种化合物凑齐含氮、硫和卤素的样品应事先混合均匀，并一次性加入。

[5] 当钠的蒸气与样品接触时，立刻发生猛烈分解，有时会发生轻微的爆炸或着火，所以当加样品时，操作者的脸部要远离试管口，以免发生危险！有些样品与钠共熔时会发生猛烈爆炸，可在钠熔前，加入少量干燥碳酸钠，使之在强热中分解出二氧化碳，而缓和剧烈的作用。

对于较易挥发的样品，可与金属钾共熔，因为钠的熔点为 $97.5\,^{\circ}\mathrm{C}$，沸点为 $880\,^{\circ}\mathrm{C}$，而钾的熔点为 $62.3\,^{\circ}\mathrm{C}$，沸点为 $760\,^{\circ}\mathrm{C}$。

[6] 若试管底部未断开，可用镊子敲打使破裂。

[7] 如果样品中含有硫和氮，钠熔时可能直接生成硫氰化钠。鉴定方法同硫和氮的同时鉴定。

[8] 醋酸铜与联苯胺在一起有下列平衡式：

联苯胺蓝

当溶液中有 CN^- 时，CN^- 与 Cu^+ 形成 $[Cu_2(CN)_4]^{2-}$ 配合物。配合物的形成，使 Cu^+ 溶液减小，平衡向右移动。因此，实验中有联苯胺的蓝色环出现。

[9] 钠熔时，若钠过量会使硫氰化钠分解成硫化钠和氰化钠，在（1）、（2）鉴定中可得到正结果，否则（1）、（2）实验可能得到负结果，此时必须做（3）。

[10] 氰化氢和硫化氢都是极毒气体，故应在通风橱中煮沸。

[11] 此操作应在通风橱中进行，以保证安全。这时生成的沉淀是硫化钠被硝酸氧化后生成的硫。

$$3Na_2S + 8HNO_3 \longrightarrow 3S\downarrow + 2NO\uparrow + 6NaNO_3 + 4H_2O$$

五、思考题

1. 钠熔后剩余的金属钠要用乙醇销毁，能否用水销毁？为什么？

2. 钠熔法的缺点之一是样品分解不完全，为了使样品分解完全，能否加过量的金属钠？为什么？

3. 在做硫化铅试验时，有时会出现白色或灰色沉淀而不是黑褐色沉淀，为什么？实验前用醋酸酸化的目的是什么？

实验18 烃的性质

一、实验目的

1. 掌握烃的主要化学性质及鉴别方法，进一步理解不同烃类的性质与结构的关系。

2. 掌握乙炔的实验室制法。

二、实验原理

烃类化合物根据其结构不同可分为：脂肪烃和芳香烃。脂肪烃又分为烷烃、烯烃和炔烃等。不同结构的烃具有不同的性质。

烷烃在通常条件下很稳定，难于发生氧化、取代等反应，表现出化学的不活泼性。

烯烃和炔烃分别具有双键和三键，能发生氧化及加成反应，故能使高锰酸钾溶液和溴水褪色，因此可用这两种试剂鉴别含有双键和三键的化合物。端位炔烃与银氨溶液或亚铜氨溶液反应分别析出白色和红棕色的炔化物沉淀，烷烃、烯烃和 $R—C\equiv C—R''$ 类型的炔烃均无此反应。

芳香烃具有芳香性，一般较难氧化和加成，易发生亲电取代。当苯环上有取代基时，会影响取代反应的速率，供电子基团活化苯环使亲电取代反应容易进行，吸电子基团则使反应较难进行。苯的同系物则较易发生氧化，氧化的结果，苯环不破坏，而侧链被氧化成羧基。

三、主要仪器和药品

1. 仪器

试管、烧杯、酒精灯、火柴、石棉网、三脚架、酒精喷灯、干燥管、250mL 蒸馏烧瓶、恒压漏斗、洗气瓶、托盘天平、量筒。

2. 药品

液体石蜡、浓硫酸、3%溴的四氯化碳溶液、10%氢氧化钠溶液、5%碳酸钠溶液、1%高锰酸钾溶液、无色汽油、碳化钙、10%硫酸铜溶液、2%硝酸银溶液、2%氨水、氯化亚铜氨溶液、10%硫酸溶液、苯、甲苯、铁粉、二甲苯、萘、饱和食盐水、浓硝酸、无水氯化铝、氯仿、氯苯、环己烯。

四、实验内容

（一）烷烃的性质

1. 卤代反应

取 2 支干燥试管，各加入 2 滴 3%溴的四氯化碳溶液，再分别加入 10 滴液体石蜡。振荡混合均匀，把一支试管放在暗入，另一支试管放在日光下或日光灯下。20min 后比较这两支试管内液体的颜色是否相同？有什么变化？为什么？

2. 氧化反应

取 3 支试管，分别加入浓硫酸、10%氢氧化钠溶液、5%碳酸钠溶液各 5 滴，再依次向各试管中加入 1%高锰酸钾溶液、液体石蜡各 5 滴，振荡混匀，观察变化情况。

（二）烯烃的性质——碳碳双键鉴定

1. 加成反应

取 1 支试管，加入 10 滴无色汽油，再加入 1～2 滴 3%溴的四氯化碳溶液，振荡混匀，观察现象，解释原因。

2. 氧化反应

取 2 支试管，分别加入浓硫酸、10％氢氧化钠溶液各 2 滴，再各加入 2 滴 1％高锰酸钾溶液、5 滴无色汽油，观察溶液变化情况。

（三）乙炔的制备和性质

1. 乙炔的制备

在 250mL 蒸馏烧瓶中加入 5g 碳化钙（电石），装上恒压漏斗[1]，在恒压漏斗中加入 40mL 饱和食盐水[2]。蒸馏烧瓶的侧管连接盛有 10％硫酸铜溶液[3]的洗气瓶（图 3-2），慢慢地从恒压漏斗加入饱和食盐水，便有乙炔生成，待空气排尽后，进行性质实验。

2. 乙炔的性质

（1）加成反应

取 1 支试管，加入 3mL 3％溴的四氯化碳溶液，通入乙炔，观察现象。解释原因。

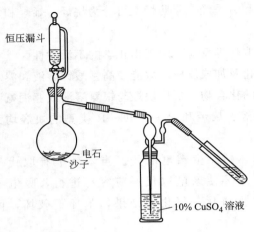

恒压漏斗

电石
沙子

10％ CuSO₄ 溶液

图 3-2 乙炔的制备

（2）氧化反应

取 2 支试管，各加入 1mL 1％高锰酸钾溶液，再分别加入浓硫酸和 5％碳酸钠溶液各 5 滴，通入乙炔，观察现象。解释原因。

（3）生成金属炔化物[4]

① 取 1 支洁净试管，加入 3mL 2％硝酸银溶液和 1 滴 10％氢氧化钠溶液，再加入 2％氨水，边加边振荡，直至沉淀恰好溶解，得澄清的硝酸银氨溶液。将乙炔通入上述溶液中，观察现象。解释原因。

② 取 1 支试管，加入 1～2mL 氯化亚铜氨溶液，通入乙炔，观察现象。解释原因。

（四）芳香烃的性质

1. 氧化反应

取 3 支试管，分别加入苯、环己烯和甲苯各 5 滴，再各加入 2 滴 1％高锰酸钾溶液和 5 滴 10％硫酸溶液，剧烈振荡（必要时在约 60℃水浴中加热几分钟），观察现象，解释原因。

2. 取代反应

（1）卤代反应

取 4 支干燥试管，编号为 1、2、3、4。在 1、2 两支试管中分别加入 5 滴苯，在 3、4 两支试管中分别加入 5 滴甲苯，然后在这四支试管中各加 2 滴 3％溴的四氯化碳溶液，摇匀。在 1、3 两支试管中各加入少量铁粉，振荡，观察现象。若无明显变化，可放入沸水中加热 1～2min，观察现象。比较它们有何不同，解释原因。

（2）磺化反应

取 4 支干燥试管，分别加入 1.5mL 苯、甲苯、二甲苯和 0.5g 萘，然后各加入 2mL 浓硫酸，将试管在水浴中加热到 80℃，边加热边剧烈振荡（萘常在液面外的管壁上析出固体），观察几支试管的反应情况，解释原因。把各反应后的混合物分成两份，一份倒入装有 10mL 水的小烧杯中，另一份倒入装有 10mL 饱和食盐水的小烧杯中，观察各有什么现象。

（3）硝化反应

取 2 支干燥试管，各加入 1mL 浓硝酸，在冷却下逐滴加入 2mL 浓硫酸，冷却振荡，制成混酸。在冷却下向每支试管中各滴加 1mL 苯和甲苯，充分振荡（必要时放在 60℃ 以下水浴中加热数分钟），观察现象。将混合液分别倾入装有 40～50mL 冷水的烧杯中，搅拌，静置，观察现象，并注意有无苦杏仁味[5]。

（4）傅-克（Friedel-Crafts）反应

取 1 支干燥试管，加入 0.1～0.2g 无水氯化铝，用酒精喷灯加强热使之升华到试管壁上，试管口装上干燥管，冷却至室温。另取一支试管加 10 滴氯仿和 6 滴苯，混匀，将所得的溶液沿试管壁倒入第一支试管中，观察现象[6]。

分别用萘、甲苯、氯苯代替苯作上述实验，现象怎样？

附注

[1] 使用恒压漏斗，可保持反应器和漏斗中的压力平衡，保证食盐水可顺利地加入。

[2] 用饱和食盐水代替水，使反应比较缓和，产生的气流比较平稳。

[3] 工业品碳化钙中含硫化钙、磷化钙和砷化钙等杂质，它们与水作用时产生硫化氢、磷化氢和砷化氢等气体夹杂在乙炔中，使其带有恶臭味，同时硫化氢会影响乙炔银、乙炔亚铜的生成和颜色，故用硫酸铜溶液把这些杂质除去。

[4] 乙炔银和乙炔亚铜沉淀在干燥状态、受到震动及受热时均有高度爆炸性，故实验完毕后，这些沉淀不得倾入废物缸中，而应滤取沉淀，用稀硝酸或稀盐酸立即销毁。

[5] 在本实验的条件下，生成黄色或浅黄色油状液体，比水重，沉于烧杯底部，具有苦杏仁味，如反应不完全，则有剩余的苯残留在硝基苯中，当倾入水中后以油状物浮出水面。若搅拌后仍不能沉于水底，则应重做。

[6] 具有芳香结构的化合物通常在无水氯化铝存在下与氯仿反应生成有颜色的物质。

化 合 物	颜 色	化 合 物	颜 色
苯及其同系物	橙色到红色	联苯和菲	紫红色
芳烃的卤代物	橙色到红色	蒽	绿色
萘	蓝色		

五、思考题

1. 烷烃的卤代反应中，为什么用溴的四氯化碳溶液，用溴水行吗？为什么？
2. 怎样鉴别乙烷、乙炔、乙烯？
3. 甲苯的卤代、硝化等反应为什么比苯容易进行？
4. 怎样鉴别苯和甲苯？

实验19　卤代烃的性质及官能团鉴定

一、实验目的

1. 了解不同烃基结构及不同卤原子对反应速率的影响。

2. 掌握卤代烃的鉴别方法。

二、实验原理

各种卤代烃，由于卤原子和所连接的烃基结构不同或同一烃基所连接的卤原子不同，化学活性也不相同。绝大多数卤代烃在一般条件下的反应是混合历程，只有在某些特殊条件下是按某一历程进行的，在实验中必须注意反应条件，并与所学的理论知识相联系。

三、主要仪器和药品

1. 仪器
试管、烧杯、酒精灯、火柴、石棉网、三脚架、温度计。

2. 药品
饱和硝酸银乙醇溶液、5％硝酸溶液、1％硝酸银溶液、1-氯丁烷、2-氯丁烷、2-甲基-2-氯丙烷、烯丙基溴、溴苯、1-溴丁烷、1-碘丁烷、2-溴丁烷、2-甲基-2-溴丙烷、15％碘化钠丙酮溶液、5％氢氧化钠溶液。

四、实验内容

1. 与硝酸银乙醇溶液的反应——卤代烃的鉴定
（1）不同烃基结构的反应

取三支干燥试管，各加入饱和硝酸银乙醇溶液 1mL，然后分别加入 2～3 滴 1-氯丁烷、2-氯丁烷、2-甲基-2-氯丙烷，振荡试管观察有无沉淀析出。如 5min 后仍无沉淀析出，可在水浴上加热煮沸后再观察现象。比较卤代烃的活性并写出反应方程式。

（2）不同卤原子的反应

取三支干燥试管，各加入饱和硝酸银乙醇溶液 1mL，然后分别加入 2～3 滴 1-氯丁烷、1-溴丁烷、1-碘丁烷。如前操作方法，观察沉淀生成速度。根据实验结果，写出这些卤代烃的活性顺序和反应方程式。

2. 与碘化钠丙酮溶液反应——卤代烃的鉴定

取五支干燥试管各加入 1～2mL 15％碘化钠丙酮溶液，然后分别加入 2 滴 1-溴丁烷、2-溴丁烷、2-甲基-2-溴丙烷、烯丙基溴、溴苯，混匀，观察现象。记录出现沉淀的时间，必要时将试管置于 60～70℃水浴中加热片刻，记录形成沉淀的时间。说明没有产生沉淀的原因。

3. 与稀碱反应
（1）不同烃基结构的反应

取三支试管，各加入 10～15 滴 1-氯丁烷、2-氯丁烷、2-甲基-2-氯丙烷，然后再各加入 1～2mL 5％氢氧化钠溶液，充分振荡后静置，小心取水层数滴加入同体积 5％硝酸酸化，然后加入 1～2 滴 1％硝酸银溶液，观察现象。若无沉淀生成，可在水浴中小心加热，再观察现象，写出其活性顺序和反应方程式。

（2）不同卤原子的反应

取三支试管，各加入 10～15 滴 1-氯丁烷、1-溴丁烷、1-碘丁烷，然后再各加入 1～2mL

5％氢氧化钠溶液，充分振荡后静置，小心取水层数滴加入同体积5％硝酸酸化，然后加入1～2滴1％硝酸银溶液，观察现象。写出其活性顺序和反应方程式。

五、思考题

1. 卤原子在不同反应中的活性为什么总是碘＞溴＞氯？

2. 卤代烃与硝酸银乙醇溶液的反应中，为什么不同烃基的活性总是：3°＞2°＞1°？在本实验中，可否用硝酸银的水溶液？为什么？

实验20 醇、酚、醚的性质及官能团的鉴定

一、实验目的

掌握醇、酚、醚的性质及其鉴别方法，并比较它们的异同点。

二、实验原理

醇和酚都具有羟基官能团，但由于醇羟基与烷基相连，酚羟基与苯环直接相连，因此性质有很大的差异。醇羟基结构与水相似，可发生取代反应、脱水反应和氧化反应等。多元醇还有其特殊反应。酚羟基呈弱酸性，极易被氧化，芳环上容易发生亲电取代反应。醚是醇或酚与另一分子的醇或酚脱水缩合而成的，在通常条件下表现出化学性质的不活泼性。

三、主要仪器和药品

1. 仪器

试管、表面皿、烧杯、酒精灯、火柴、石棉网、三脚架、软木塞、温度计、量筒、托盘天平。

2. 药品

甲醇、无水乙醇、正丁醇、正辛醇、仲丁醇、叔丁醇、金属钠、酚酞、5％ $K_2Cr_2O_7$、浓硫酸、乙酰氯、10％碳酸钠、异戊醇、卢卡斯试剂、10％硫酸铜、5％氢氧化钠、稀盐酸、乙二醇、丙三醇、1,3-丙二醇、苯酚、5％碳酸钠、5％碳酸氢钠、苦味酸、0.1％高锰酸钾、1％碘化钾溶液、苯、饱和溴水、对甲苯酚、α-萘酚、1％氯化铁、乙醚、2％硫酸亚铁铵溶液、1％硫氰化钾、工业乙醚、铜丝、间苯二酚、水杨酸。

四、实验内容

（一）醇的性质

1. 醇的同系物溶解性比较

取5支试管，各加入2mL水，然后分别滴加10滴甲醇、乙醇、正丁醇、正辛醇、丙三醇，振荡并观察溶解情况，能得出什么结论？

2. 醇钠的生成和水解

取 3 支干燥的试管，分别加入 1mL 无水乙醇、正丁醇、乙二醇，再各加入一粒黄豆般大小的金属钠，比较两者反应速率快慢。再用拇指堵住试管口一会儿，等到气体大量放出时，把试管口移近火焰，移开拇指有何现象发生[1]。观察液体黏度有何变化。若反应完毕后，试管中还有剩余的金属钠，将剩余的金属钠放在乙醇中销毁。分别把上述各试管中的液体倒在表面皿上，在水浴上蒸干，所得的固体移入装有 1mL 蒸馏水的试管中，观察溶解情况。滴入酚酞指示剂，观察现象，解释原因。

3. 醇的氧化——醇羟基的鉴定

（1）与重铬酸钾反应

在 4 支试管中分别加入 1mL 5％ $K_2Cr_2O_7$ 溶液和 1 滴浓硫酸，摇匀，再分别加入 5 滴乙醇、正丁醇、仲丁醇、叔丁醇，振摇后在水浴中微热，观察试管中颜色的变化，写出化学反应方程式[2]。

（2）与氧化铜反应

取一根铜丝，在玻璃棒上绕成螺旋状，螺旋长约 1.5cm，将此铜丝圈在灯焰上烧红，移出火焰，待铜丝表面出现黑色氧化铜时，趁热插入盛有 3mL 1∶1 甲醇水溶液的小试管中。铜丝冷后，取出再烧红，重复上述操作多次。观察铜丝圈表面颜色的变化，并嗅溶液有何气味。

4. 醇的检验——醇羟基的鉴定

（1）乙酰氯试验（酰化生成酯）

在干燥的试管中加入乙醇、正丁醇、异戊醇各 10 滴（固体试样 0.5g），再加入乙酰氯 10 滴，振摇，用手摸试管，有何感觉。在水浴中加热 2min，然后加水 5mL，用 10％碳酸钠溶液中和至无气泡放出，管口有酯香的表示试样为醇[3]。

（2）与卢卡斯试验的反应

取 3 支干燥的试管，分别加入 5 滴正丁醇、仲丁醇、叔丁醇，再各加入 1mL 卢卡斯试剂，立即用软木塞塞住试管口，充分振摇后静，然后将试管放入在 25～30℃水浴中，观察其变化，注意 5min 及 1h 后混合物有何变化。记录混合物出现浑浊和出现分层的时间，写出化学反应方程式[4]。

5. 多元醇的氢氧化铜试验

取 4 支试管，各加入 3mL 5％氢氧化钠及 5 滴 10％硫酸铜溶液，制得新鲜的氢氧化铜。依次向各试管中加入 5 滴乙醇、乙二醇、丙三醇、1,3-丙二醇，观察有何现象。再加入几滴稀盐酸，又有什么变化[5]？

（二）酚的性质

1. 酚的溶解性和弱酸性

（1）在 1 支试管中加入蒸馏水 1mL 和苯酚 0.3g，振摇，观察是否溶解。加热后再观察现象，然后放冷，又有何变化。滴加 5％氢氧化钠溶液数滴，观察现象[6]。

（2）取 2 支试管，各加入苯酚 0.3g，再分别加入 1mL 5％碳酸钠溶液、5％碳酸氢钠溶液，振荡，观察各试管中现象有何不同？说明原因。

（3）取少量苦味酸晶体，加入 1mL 5％碳酸氢钠溶液，观察现象。

2. 酚的氧化——酚羟基的鉴定

取 1mL 饱和的苯酚水溶液置于试管中，加入 1 滴浓硫酸，摇匀后再加入 0.1% 高锰酸钾溶液 5 滴，振荡，观察颜色变化。

3. 酚的检验——酚羟基的鉴定

（1）溴水试验

取 2 滴苯酚饱和水溶液于试管中，用水稀释至 2mL，逐滴加入饱和的溴水，当溶液中开始析出的白色沉淀转变为淡黄色时，立即停止滴加，然后将混合物煮沸 1～2min，以除去过量的溴，冷却后又有沉淀析出，再在此混合物中滴入数滴 1% 碘化钾溶液及 1mL 苯，用力振荡，沉淀溶于苯中，析出的碘使苯层呈紫色[7]。

（2）氯化铁显色试验[8]

取 5 支试管，各加入 0.1g 苯酚、对甲苯酚、α-萘酚、间苯二酚、水杨酸，然后加水 1mL，用力振荡，再加 1 滴新配的 1% 氯化铁溶液，注意溶液颜色的变化。

（三）醚的性质

1. 锌盐的生成——醚的鉴定

在试管中加入 1mL 浓硫酸，浸在冷水中冷至 0℃，再慢慢地分次滴加 0.5mL 乙醚，边加边振荡，观察现象。把试管内的液体小心地倒入 2mL 冰水中，充分振荡，冷却，观察现象。

2. 过氧化物的检验

在试管中加入 1mL 新配制的 2% 硫酸亚铁铵溶液，加入几滴 1% 硫氰化钾溶液，然后加入 1mL 工业乙醚，用力振荡。若有过氧化物存在，溶液呈血红色。

附注

[1] 醇羟基具有活泼氢，能与金属钠作用放出氢气。

[2] 伯醇首先被氧化成醛，然后被氧化成酸。仲醇被氧化成酮，叔醇不易被氧化，但在强烈氧化条件下，则发生碳链断裂，生成小分子化合物。

[3] 醇羟基具有活泼氢，能跟酰氯、酸酐等作用生成酯。

[4] 根据伯、仲、叔醇与氢卤酸反应的速率明显不同，可用卢卡斯试剂鉴别伯、仲、叔醇，溶液立刻浑浊或分层为叔醇；5min 内溶液浑浊，至 10min 分层为仲醇；不分层为伯醇。但卢卡斯试剂只能鉴别 $C_3 \sim C_6$ 的醇，因为 $C_1 \sim C_2$ 的醇反应后产物为气体，C_6 以上的醇不溶于卢卡斯试剂，反应难进行。

[5] 多元醇除了具备一元醇的性质外，能与许多金属氢氧化物作用生成类似盐的化合物。例如：邻二醇与新配制的氢氧化铜反应生成能溶于水的绛蓝色或蓝紫色配合物。

甘油铜(绛蓝色)

此反应用来鉴定邻位多元醇。

[6] 酚羟基显弱酸性（$pKa \approx 10$），能与氢氧化钠作用生成可溶于水的酚钠盐。

[7] 酚羟基直接与苯环相连，使苯环活性增强，易于发生亲电取代反应，苯酚能使溴水褪色生成 2，4，6-三溴苯酚白色沉淀，此反应用来检验苯酚。

滴加过量的溴水，则白色沉淀转化为淡黄色的 2，4，4，6-四溴代环己二烯酮。

$$\text{（2,6-二溴苯酚）} \xrightarrow{\text{HOBr}} \text{（2,4,4,6-四溴代环己二烯酮）}$$

2，4，4，6-四溴代环己二烯酮难溶于水，易溶于苯，它能氧化氢碘酸而析出碘，本身则又被还原成 2，4，6-三溴苯酚。

$$KI + HBr \longrightarrow HI + KBr$$

$$\text{（四溴环己二烯酮）} + 2HI \longrightarrow \text{（2,4,6-三溴苯酚）} + HBr + I_2$$

[8] 酚类或含有酚羟基的化合物，大多数都能与氯化铁溶液作用生成有色的配合物，产生颜色的原因是由于生成了电离度很大的酚铁盐。

$$6C_6H_5OH + FeCl_3 \longrightarrow [Fe(C_6H_5O)6]^{3-} + 6H^+ + 3Cl^-$$

酚和氯化铁产生的颜色

化合物	产生的颜色	化合物	产生的颜色
苯酚	紫色	间苯二酚	紫色
邻甲苯酚	蓝色	对苯二酚	暗绿色结晶
间甲苯酚	蓝色	1,2,3-苯三酚	淡棕红色
对甲苯酚	蓝色	1,3,5-苯三酚	紫色沉淀
邻苯二酚	绿色	α-萘酚	紫色沉淀

这种显色反应主要用来鉴别酚或烯醇式结构的存在。

加入酸、酒精或过量的氯化铁溶液，均能减少酚铁盐的电离度，有颜色的阴离子浓度也就相对降低，反应的颜色就将褪去。

五、思考题

1. 正丁醇、仲丁醇、叔丁醇和金属钠反应的难易程度如何？为什么？
2. 如何鉴别乙醇、乙二醇、正丁醇及 1,3-丙二醇？
3. 苯酚的溴代的反应极易进行，而苯的溴代反应较难进行，为什么？

实验21　醛、酮的性质及官能团的鉴定

一、实验目的

掌握醛、酮的化学性质及其鉴别方法，并比较它们的异同点。

二、实验原理

醛、酮都有羰基，醛、酮的许多反应都取决于羰基的结构特点。醛、酮易于发生亲核加成反应，能与羰基试剂作用，由于受到羰基的影响，醛、酮的 α-H 也表现出一定的活性。

在亲核加成和 α-H 的反应中，醛、酮有许多相似之处，但由于结构上也存在着差异，它们在反应中又表现出各自的特点。

醛、酮都能与羰基试剂 2,4-二硝基苯肼反应，生成黄色沉淀。

一般情况下，醛比酮易被氧化，酮只有在强氧化剂的作用下，才会被分解成小分子化合物。醛能被弱氧化剂氧化成羧酸，如可被托伦试剂、斐林试剂、本尼地试剂氧化。结构不同的醛反应的活性也不同。醛一般都能与托化试剂反应，而芳香醛不能与斐林试剂反应，芳香醛和甲醛不能与本尼地试剂反应。

三、主要仪器和药品

1. 仪器

试管、烧杯、酒精灯、火柴、石棉网、三脚架、温度计、量筒。

2. 药品

饱和亚硫酸氢钠、40％乙醛溶液、苯甲醛、丙酮、37％甲醛水溶液、环己酮、10％碳酸钠溶液、10％盐酸、2,4-二硝基苯肼、氨脲盐酸盐、结晶醋酸钠、苯乙酮、3-己酮、碘-碘化钾溶液、乙醇、异丙醇、正丁醛、正丁醇、10％氢氧化钠溶液、2％硝酸银溶液、2％氨水溶液、1％高锰酸钾溶液、浓硫酸、斐林试剂 A、斐林试剂 B、本尼地特试剂、5％氢氧化钠溶液、饱和氢氧化钾乙醇溶液、$0.5\,mol\cdot L^{-1}$羟胺盐酸盐、甲基橙、苯酚、浓盐酸、浓氨水。

四、实验内容

1. 亲核加成反应

（1）与亚硫酸氢钠的加成[1]

取试管 4 支，各加入 2mL 新配制的饱和亚硫酸氢钠溶液，再分别加入乙醛、丙酮、环己酮、苯甲醛各 8～10 滴，用力摇匀，置冰水中冷却，观察有无沉淀析出，比较其析出的相对速率，并解释。写出有关的化学反应方程式。

另取几支试管，分成两组。分别加少量上面反应后产生的晶体，写好相应的编号，再做下面的实验：

① 向一组试管内分别加入 10％碳酸钠 2mL，用力振荡试管，观察沉淀物是否溶解，放在不超 50℃的水浴中加热，继续不断振荡试管，观察现象并注意有何气味产生。

② 向另一组试管内分别加入 10％盐酸溶液 2mL，如上操作，观察又有何现象。

（2）与 2,4-二硝基苯肼的加成——羰基化合物的鉴定

取 5 支小试管分别加入 1mL 2,4-二硝基苯肼试剂，再分别加入 2～3 滴 37％甲醛溶液、40％乙醛溶液、丙酮、苯甲醛、环己酮，摇匀后静置。观察有无沉淀生成，并注意沉淀的颜色[2]。若无沉淀析出，静置数分钟后可在温水中微热，再观察。写出有关的化学反应方程式。

（3）与氨脲的加成[3]

取 0.5g 氨脲盐酸盐、0.75g 结晶醋酸钠溶于 4～5mL 蒸馏水中（如果浑浊则过滤），将澄清液分成四分，装于 5 支试管中，依次加入 2～3 滴丙酮、40％乙醛溶液、苯甲醛、苯乙酮、3-己酮，观察有无沉淀析出，写出有关的化学反应方程式。

2. α-H 的活泼性（碘仿反应[4]）——**羰基化合物的鉴定**

在 7 支小试管中各加入 1mL 碘-碘化钾溶液，然后分别加入 40％乙醛溶液、丙酮、乙醇、异丙醇、正丁醛、3-己酮、正丁醇各 2～3 滴，再滴加 10％氢氧化钠至碘的颜色消失为止，观察有无沉淀析出。能否嗅到碘仿的气味。若无沉淀或出现白色浊液，将试管放到 50～60℃的水浴中温热几分钟，冷却后再观察现象。得出什么结论？

3. 氧化反应——羰基化合物的鉴定

（1）托伦试验[5]（银镜反应）

在 1 支洁净试管中加入 2％硝酸银溶液和 10％氢氧化钠溶液各 2 滴，然后一边摇动试管，一边滴加 2％氨水，直到起初生成的沉淀恰好溶解为止，清亮透明的溶液即为托伦试剂。

取 4 支十分洁净的试管，各加入 2mL 自配制的托伦试剂，再分别加入 2 滴 37％甲醛溶液、乙醛、丙酮、苯甲醛（不要摇动），静止几分钟后观察现象，若没有变化，把试管放入 50～60℃水浴中温热几分钟，再观察有无银镜生成。写出有关的化学方程式。

（2）斐林试验[6]

取 4 支试管，各加入斐林试剂 A 和斐林试剂 B 溶液各 1mL，摇匀，再加入 3～5 滴 37％甲醛溶液、40％乙醛溶液、丙酮、苯甲醛，在热水中煮沸 3～5min，注意观察有何现象并解释原因。

（3）本尼地试验[7]

取 4 支试管，各加入 1mL 本尼地特试剂，然后分别加 1mL 甲醛、乙醛、苯甲醛、丙酮，边加边摇动试管。摇匀后用沸水浴加热 5min。观察现象。

（4）与高锰酸钾溶液的反应

取 6 支试管，各加入 1％高锰酸钾溶液 2 滴，分别加入 37％甲醛溶液、40％乙醛溶液、苯甲醛、丙酮、乙醇各 5 滴，振荡后观察现象，在没有变化的试管中加入 2 滴浓硫酸，又有何变化？

4. 缩合反应

（1）羟醛缩合

在 1 支洁净试管中加入 0.5mL 乙醛水溶液，再加入 2mL 5％氢氧化钠溶液，摇匀，加热煮沸，观察溶液颜色的变化，嗅其气味并说明原因。

（2）与羟胺缩合

取 4 支试管，各加入 1mL 0.5mol·L^{-1}羟胺盐酸盐和 1 滴甲基橙指示剂，此时溶液呈红色，再滴入 5％氢氧化钠溶液刚好转变为橙黄色，然后分别加入 2 滴 37％甲醛溶液、40％乙醛溶液、丙酮、乙醇，观察有何现象并解释原因。

（3）甲醛和苯酚缩合制备酚醛树脂[8]

取 2 支试管，编号为 A、B，各加入 3g 苯酚，然后在试管 A 中加入 3mL 37％甲醛溶液，再滴加浓盐酸 3 滴作为催化剂，在试管 B 加入 4mL 37％甲醛溶液，再滴加 3～4 滴浓氨水作为催化剂。把 2 支试管同时放在沸水浴中加热 2～3min，观察有何现象？继续加热，又有何现象？两者有何不同？为什么？

5. 康尼查罗（Cannizzaro）反应

取一支大试管，加入 1mL 苯甲醛，再加入 1～2mL 饱和氢氧化钾乙醇溶液，边加热边用力振荡，稍热，有何现象？析出的晶体是什么？

附注

〔1〕亚硫酸氢钠分子中带未共用电子对的硫原子作为亲核中心进攻醛、酮的羰基碳原子，生成 α-羟基磺酸钠。反应是可逆的，必须加入过量的饱和亚硫酸氢钠溶液，以促使平衡向右移动。

α-羟基磺酸钠不溶于饱和亚硫酸氢钠溶液，以白色沉淀析出，可以利用此反应可用来鉴别醛、酮。只有醛、脂肪族甲基酮、八个碳原子以下的环酮才能与饱和亚硫酸氢钠溶液反应。

α-羟基磺酸钠溶于水而不溶于有机溶剂，与稀酸或稀碱共热可分解析出原来的羰基化合物，所以此反应也可用于分离提纯某些醛、酮。

$$R-CHSO_3Na \begin{cases} \xrightarrow[H_2O]{HCl} RCHO + NaCl + SO_2 + H_2O \\ \xrightarrow[H_2O]{Na_2CO_3} RCHO + Na_2SO_3 + NaHCO_3 \end{cases}$$

〔2〕沉淀的颜色与醛、酮分子的共轭键有关。非共轭的酮生成黄色沉淀，共轭的酮生成橙色至红色沉淀；具有长共轭链的羰基化合物则生成红色沉淀。有时强酸性、强碱性化合物会使反应试剂沉淀析出，试剂本身的颜色也有干扰，需仔细观察。

〔3〕加热可促进此反应。

〔4〕碘仿（CHI$_3$）是不溶于水的黄色沉淀，利用碘仿反应，不仅可鉴别乙醛或甲基酮，还可鉴别带有甲基的仲醇。

〔5〕将醛和托伦（Tollens）试剂共热，醛被氧化为羧酸，银离子被还原为金属银附着在试管壁上形成明亮的银镜，这个反应又称为银镜反应。

$$RCHO + 2Ag(NH_3)_2OH \longrightarrow RCOONH_4 + 2Ag\downarrow + H_2O + 3NH_3$$

要想得到银镜，试管壁必须干净，否则出现黑色悬浮的金属银。

托伦试剂可氧化脂肪醛和芳香醛，在同样的条件下酮不发生反应。

〔6〕斐林（Fehling）试剂是由 A、B 两种溶液组成，斐林试剂 A 为硫酸铜溶液，斐林试剂 B 为酒石酸钾钠和氢氧化钠溶液，使用时等量混合。混合组成斐林试剂。其中酒石酸钾钠的作用是使铜离子形成配合物而不致在碱性溶液中生成氢氧化铜沉淀。

脂肪醛与斐林试剂反应，生成砖红色氧化亚铜沉淀。

$$RCHO + 2Cu(OH)_2 + NaOH \longrightarrow RCOONa + Cu_2O\downarrow + 3H_2O$$

甲醛可使斐林试剂中的 Cu^{2+} 还原成单质的铜。其他脂肪醛可使斐林试剂中的 Cu^{2+} 还原成 Cu_2O 沉淀。酮及芳香醛不与斐林试剂反应。

〔7〕本尼地（Benedict）试剂由硫酸铜、碳酸钠和柠檬酸钠组成的混合液。该试剂稳定，可以事先配制存放。本尼地试剂应用范围基本上与斐林试剂相同，但甲醛不能还原本尼地试剂。起氧化作用的是二价铜离子。

〔8〕在酸催化下，生成线型结构的酚醛树脂，呈紫色，可溶于酒精。在碱催化下，生成体型结构的酚醛树脂，呈橙红色。

五、思考题

1. 在做亚硫酸氢钠试验时，为什么亚硫酸氢钠溶液要饱和的？又为什么要新配制？
2. 醛、酮的性质有何异同，用哪些简便方法鉴别它们？
3. 托伦试验和斐林试验为什么不能在酸性溶液中进行？
4. 在醛类中只有什么醛能起卤仿反应？做鉴定时为什么选用碘仿反应而不选氯仿反应或溴仿反应？

 ## 实验22　羧酸及其衍生物的性质及官能团的鉴定

一、实验目的

掌握羧酸及其衍生物的化学性质及鉴别方法。

二、实验原理

羧基是羧酸的官能团。根据羧基所连的烃基不同，可分为脂肪族羧酸、芳香族羧酸、饱和羧酸和不饱和羧酸；又可根据羧基的数目，分为一元羧酸、二元羧酸和多元羧酸。从结构上看，羧基中既有羰基，又有羟基，似乎应该表现出醛、酮、醇的性质。但是，羰基和羟基的相互影响，即 p-π 共轭效应的结果，使羰基失去了典型的羰基特性（如羧酸与羰基试剂苯肼不发生反应），—OH 氧原子上的电子云向羰基转移，O—H 间的电子云更靠近氧原子，利于羟基中氢的解离，从而使羧酸的酸性比醇和碳酸强。

某些具有特殊结构的羧酸还有其特殊的化学性质，如甲酸能被高锰酸钾所氧化，草酸在加热条件下能发生脱羧反应。利用这些特殊的反应，可对个别羧酸进行鉴别。

羧基中的羟基被其他原子或基团取代后生成羧酸衍生物。羧酸衍生物一般指的是酰卤、酸酐、酯和酰胺类的化合物。羧酸衍生物的主要反应是亲核取代反应，它们在一定条件下可以发生水解、醇解和氨解反应，而生成酸、酯和酰胺，只是副产物不同。由于酰基上所连接的基团不同，它们的反应活性也有较大的差异。化学反应的活性次序为：酰卤＞酸酐＞酯＞酰胺。通过一定的反应，它们之间可以相互转化，而且都可以由相应的羧酸制备。

在羧酸的衍生物中，乙酰乙酸乙酯有极其重要的意义。它除了具有酯的一般化学性质外，由于乙酰基的引入，使乙酰乙酸乙酯不仅具有酮的一些性质（如可与 2,4-二硝基苯肼的反应），而且还存在着烯醇式互变异构，从而又有烯醇的性质（如可与氯化铁溶液显色）。

三、主要仪器和药品

1. 仪器

玻璃棒、试管、棉花、水浴锅、酒精灯、火柴、带导气管的橡皮塞、带导气管的软木塞、托盘天平、量筒。

2. 药品

甲酸、乙酸、草酸、6mol·L⁻¹硫酸溶液、1%高锰酸钾溶液、苯甲酸、10%氢氧化钠溶液、10%盐酸溶液、无水乙醇、冰醋酸、饱和碳酸氢钠、饱和氯化钠、石灰水、草酸铵、10%氯化钙溶液、1∶1氨水、浓硫酸、5%硝酸银溶液、乙酸乙酯、20%硫酸溶液、乙酰胺晶体、20%氢氧化钠溶液、饱和碳酸钠溶液、氯化钠晶体、乙酰氯、苯胺、乙酸酐、2,4-二硝基苯肼试剂、乙酰乙酸乙酯、1%氯化铁溶液、饱和溴水、金属钠、饱和醋酸铜、氯仿、刚果红试纸、红色石蕊试纸。

四、实验内容

(一) 羧酸的性质

1. 羧酸的酸性

（1）刚果红[1]试验

在3支试管中分别加入甲酸、乙酸各5滴及草酸0.5g，再各加入2～3mL蒸馏水，振荡。然后用洁净的玻璃棒分别蘸取相应的酸液在同一条刚果红试纸上画线，比较各线条颜色深浅，解释原因。

（2）碳酸氢钠试验——羧基的鉴定

取2支试管，各加入5mL饱和碳酸氢钠溶液，然后分别加入1mL甲酸、0.5g草酸，迅速装上带软木塞的导气管，把气体导入盛有5mL石灰水的试管中，观察有何现象，解释原因。

2. 成盐反应

（1）与氢氧化钠作用

取0.2g苯甲酸晶体放入盛有1mL水的试管中，观察溶解情况。逐滴加入10%氢氧化钠溶液数滴，振荡并观察现象。接着再加0.5mL10%盐酸，振荡并观察有何变化？解释原因。

（2）草酸钙的生成

取几粒草酸铵晶体于试管中，加入0.5mL左右的水，制成饱和溶液，并滴加1滴10%氢氧化钠[2]，然后加入1～2滴10%氯化钙溶液，有何变化，解释原因。

3. 氧化反应

（1）高锰酸钾氧化

取3支试管，分别加入甲酸1mL、乙酸1mL、草酸0.2g，再各加入1～2mL蒸馏水配成溶液，依次加入0.5mL 6mol·L⁻¹硫酸和5滴1%高锰酸钾溶液，摇匀，加热至微沸，观察溶液颜色变化，解释原因。

（2）浓硫酸氧化

取2支试管，分别加入1g草酸、1mL甲酸，然后各缓缓加入1mL浓硫酸，装上带有导气管的橡皮塞，加热，边加热边观察试管里的颜色变化，待产生大量气泡时，点燃导气管中的气体，有何现象？解释原因。

（3）银镜反应[3]

取2支洁净试管，其中一支分别加入0.5mL 20%氢氧化钠溶液、5～6滴甲酸。另一支试管分别加入1mL 1∶1氨水、5～6滴5%硝酸银溶液。把两支试管中的溶液混合均匀，如产生沉淀，再加几滴氨水，使其恰好溶解。静置于 80～90℃ 水浴中加热，观察现象，解释原因。

4. 酯化反应

在 2 支干燥的试管中都加入 1mL 无水乙醇和 1mL 冰醋酸。混合均匀后，在其中一支试管中滴加 5 滴浓硫酸。振荡试管后，将两支试管同时放入 60～70℃ 的水浴中加热 10min。然后将试管浸入冰水中冷却，都加入 3mL 饱和碳酸钠溶液[4]。观察溶液有无酯层出现，并嗅其气味。比较两支试管中的实验结果。

5. 分解反应

取 3 支试管，分别加入 1mL 甲酸、1mL 乙酸和 1g 草酸，装上带导气管的软木塞，导气管伸入装有 2mL 石灰水的试管里，使导气管插入石灰水中，加热样品，观察有何现象？解释原因。

(二) 羧酸衍生物的性质

1. 水解作用

(1) 酰氯的水解

取 1 支试管，加入 1mL 蒸馏水，再加入 2 滴乙酰氯[5]，摇匀，这时，沉入管底的乙酰氯迅速溶解并放出热量，冷却后，滴入 1 滴 5% 硝酸银溶液，观察现象，解释原因。

(2) 酸酐的水解

取 2 支试管，其中一支加入 1mL 蒸馏水，另一支加入 1mL10% 氢氧化钠溶液，然后各加入乙酸酐 2 滴，振摇混合，观察现象。若无变化，微热片刻，再观察，比较结果。

(3) 酯的水解

取 3 支试管，各加入蒸馏水 5mL 和乙酸乙酯 5 滴，再向其中一支试管中加入 5 滴 20% 硫酸溶液，向另一支试管中加入 5 滴 10% 氢氧化钠溶液[6]。用棉花塞住管口，将此 3 支试管同时放入 60～70℃ 水浴中加热，同时振荡，观察并比较各试管中酯层消失的速度。

(4) 酰胺的水解

取 2 支试管，各加入 0.2g 乙酰胺晶体。然后向其中一支试管加入 3mL 10% 氢氧化钠溶液，振荡后加热至沸腾，嗅其气味，在试管口放一张湿润的红色石蕊试纸，有何现象？说明了什么？另一支试管加入 3mL 20% 硫酸，加热煮沸，嗅其气味。稍冷，加入 2～3mL 20% 氢氧化钠，再加热，嗅其气味，再用湿润的红色石蕊试纸在试管口检验，有何现象？解释原因。

根据上述实验，比较酰氯、酸酐、酯、酰胺的反应活性。

2. 醇解作用

(1) 酰氯的醇解

取 1 支干燥的试管，加入 1mL 无水乙醇，置于冰水浴中冷却，慢慢加入 1mL 乙酰氯，并不断振荡。反应结束后，小心地用饱和碳酸钠溶液中和至无气泡生成，加入少量氯化钠晶体，使之饱和，观察有何现象。气味如何？解释原因。

(2) 酸酐的醇解

取 1 支干燥的试管，加入无水乙醇和乙酸酐各 1mL，混合后再加入 1 滴浓硫酸，摇匀，将试管放入 60～70℃ 水浴中加热约 5min，取出试管，冷却，慢慢加入 20 滴饱和碳酸钠溶液至无气泡生成，加入少量氯化钠晶体，使之饱和，稍加振摇，静置，观察有何现象。气味如何？如何解释？

3. 氨解作用

（1）酰氯的氨解

取 1 支干燥的试管，加入 10 滴新蒸馏的苯胺，然后滴加 10 滴乙酰氯，用力振荡，用手摸试管底部看有无放热，反应完毕，加 3mL 水，观察有何现象？解释原因。

（2）酸酐的氨解

取 1 支干燥的试管，加入 10 滴新蒸馏的苯胺，然后滴加 10 滴乙酸酐，置热水浴中加热数分钟，反应完毕，加 3mL 水，观察有何现象？解释原因。

4. 乙酰乙酸乙酯的互变异构试验

（1）与 2,4-二硝基苯肼的反应

取 1 支干燥的试管，加入 0.5mL 2,4-二硝基苯肼试剂和 0.5mL 纯净的干燥的乙酰乙酸乙酯，振荡后静置 10～15min，有无结晶析出？为什么？

（2）与氯化铁溶液及饱和溴水的反应[7]

取 1 支试管加入 2mL 蒸馏水和 5 滴乙酰乙酸乙酯，振荡，加入 2 滴 1% 氯化铁溶液，摇匀，溶液呈现何色？再滴入 3 滴饱和溴水，溶液又呈何色？放置片刻后，颜色变化如何？为什么？

（3）与金属钠的反应

取 1 支干燥的试管，加入 0.5mL 乙酰乙酸乙酯，切取一粒绿豆大小的金属钠，投入试管中，有何现象？用拇指堵住试管口一会儿，移近灯焰，观察现象。说明了什么？

（4）与饱和醋酸铜的反应[8]

取 1 支试管，加入 0.5mL 饱和醋酸铜溶液，再加入 0.5mL 乙酰乙酸乙酯，振荡后静置，有何现象？再加入 2mL 氯仿，又有何现象？解释原因。

以上试验表明：乙酰乙酸乙酯具有何种结构？

附注

[1] 刚果红的变色范围是 pH＝3～5，在弱酸性、中性、碱性溶液中呈红色，在强酸性溶液中变为蓝色。刚果红试液与弱酸作用呈棕黑色，与中强酸作用呈蓝黑色，与强酸作用呈蓝色。刚果红的结构式如下：

[2] 草酸钙易溶于无机酸中，但不溶于水和醋酸，加入氢氧化钠有利于结晶析出。

[3] 因甲酸酸性较强，会破坏银氨离子，试验不易成功，加入碱与甲酸中和，使甲酸转化为甲酸根离子，可克服此缺点，但碱量不宜过多。

[4] 目的是降低乙酸乙酯的溶解性，促进液体分层。

[5] 酰氯的水解、醇解反应剧烈，滴加时要小心，以免液体从试管中溅出伤人。

[6] 酯的水解产生酸和醇，碱的存在破坏了水解平衡，使水解反应向正方向移动。

$$CH_3COOC_2H_5 + H_2O \rightleftharpoons CH_3COOH + C_2H_5OH$$

$$CH_3COOH + NaOH \longrightarrow CH_3COONa + H_2O$$

[7] 乙酰乙酸乙酯有酮型和烯醇型两种异构体,它们可以互相转变达到动态平衡。

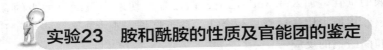

如果其中一个异构体因参加某个反应而减少时,则平衡向着生成此异构体方向移动。例如:乙酰乙酸乙酯溶液中滴加氯化铁溶液则有紫红色出现。这说明分子中含有烯醇式结构。若向此溶液中加入溴水,则紫红色消失。这又说明溴水在双键处起了加成作用,而使烯醇式结构消失,所以溶液中的紫红色消失。但稍待片刻,紫红色又重复出现,这是因为酮式的乙酰乙酸乙酯又有一部分转变为烯醇式。酮式的乙酰乙酸乙酯与 2,4-二硝基苯肼能起加成反应,生成苯腙,这表明分子中酮式的羰基存在。

[8] 反应生成的烯醇式铜盐呈蓝绿色结晶,它可溶于氯仿中。

五、思考题

1. 甲酸为什么有还原性?乙酸为什么对氧化剂稳定?
2. 草酸为什么能被热的高锰酸钾酸性溶液氧化?
3. 写出羧酸衍生物的化学活性次序(由弱到强排列),并说明理由。
4. 乙酰乙酸乙酯能否和饱和亚硫酸氢钠溶液作用?

实验23 胺和酰胺的性质及官能团的鉴定

一、实验目的

1. 掌握胺类和酰胺类化合物的性质及鉴别方法。
2. 掌握脂肪胺和芳香胺化学性质的异同点。

二、实验原理

胺可以看成是氨的衍生物,因其氮原子上电子云密度较大,从而呈碱性。胺的碱性强弱与和氮原子相连的基团的电子效应及空间位阻有关,同时还受到溶剂化效应等因素的影响。胺是有机弱碱,它们可以与酸作用生成盐。

根据氮原子上所连烃基的数目,可以把胺分为伯、仲、叔胺。伯胺、仲胺能与酸酐、酰氯发生酰基化反应,而叔胺的氮原子上没有氢原子,不起酰基化反应。常常利用伯、仲、叔胺与苯磺酰氯在氢氧化钠溶液中的反应(Hinsberg 反应)来鉴别或分离它们。

亚硝酸试验,脂肪族胺与芳香族胺类有所不同。芳香族胺生成的重氮化物能进一步发生偶合反应,脂肪族胺则不能。根据脂肪族和芳香族伯、仲、叔胺与亚硝酸反应的不同现象,可以鉴别伯、仲、叔胺。

芳胺,特别是苯胺,具有一些特殊的化学性质,除苯环上可以发生取代反应及氧化反应外,其重氮化反应具有重要的意义。

酰胺既可以看成是氨的衍生物，又可以看成是羧酸的衍生物，羰基与氮原子间的相互影响使其碱性变得极弱，故酰胺一般呈中性，酰亚胺则表现出一定的酸性。酰胺还可以发生水解、醇解、降解等反应。

尿素是碳酸的二酰胺，可发生水解反应，还可以与亚硝酸反应放出氮气。尿素在加热时可生成缩二脲，与硫酸铜等发生缩二脲反应。

三、主要仪器和药品

1. 仪器

试管、沸石、玻璃棒、水浴锅、酒精灯、火柴、试管夹、托盘天平、量筒。

2. 药品

苯胺、N-甲基苯胺、N,N-二甲基苯胺、二苯胺晶体、丙胺、二乙胺、三乙胺、乙酰胺、无水乙醇、10％盐酸溶液、10％氢氧化钠溶液、浓硫酸、浓盐酸、饱和溴水、25％亚硝酸溶液、苯磺酰氯、饱和溴水、β-萘酚、饱和氢氧化钡溶液、10％亚硝酸钠溶液、10％硫酸溶液、5％氢氧化钠溶液、20％尿素、尿素、1％硫酸铜溶液、漂白粉溶液、饱和重铬酸钾、15％硫酸溶液、1％高锰酸钾溶液、红色石蕊试纸、淀粉-碘化钾试纸。

四、实验内容

（一）胺的性质

1. 碱性

（1）在 2 支试管中分别加入 10 滴水和 2 滴苯胺，振荡，观察是否溶解？然后在第一支试管中加 2～3 滴 10％盐酸溶液，振荡，观察是否变澄清，为什么？再逐滴加入 10％氢氧化钠溶液，又有何现象产生[1]？为什么？在第二支试管中加入 3 滴浓硫酸，观察是否出现沉淀[2]。继续加入 10 滴浓硫酸，边加边摇，沉淀是否消失？

（2）取 0.2g 二苯胺晶体，用 0.5～1mL 无水乙醇使其溶解，再加入 1mL 水，有何现象？逐滴加入 10％盐酸溶液，又有何变化？再用水稀释此溶液，结果如何？解释原因。

2. 与亚硝酸的反应[3]

（1）伯胺的反应

取 1 支试管，加入 0.5mL 苯胺、2mL 浓盐酸和 3mL 水，振荡试管并浸入冰水浴中冷至 0～5℃，然后逐滴加入 25％亚硝酸溶液，并不断振荡，直至混合液遇淀粉-碘化钾试纸呈蓝色为止。此溶液即为重氮盐溶液[4]。

取 1mL 重氮盐溶液，加热，观察有什么现象发生，注意是否有苯酚的气味？

另取 0.5mL 重氮盐溶液，滴入 2 滴 β-萘酚溶液，观察有无橙红色沉淀生成[5]。

（2）仲胺的反应

取 1 支试管，加入 5 滴 N-甲基苯胺、10 滴浓盐酸和 10 滴水，摇匀，将试管浸入冰水浴中冷却至 0～5℃，然后再慢慢加入 25％亚硝酸溶液，边加边振荡，观察有无黄色油状物出现[6]。

（3）叔胺的反应

取 1 支试管，加入 5 滴 N,N-二甲基苯胺和 3 滴浓盐酸，混合后浸入冰水浴中冷却至

$0\sim5℃$，然后再慢慢加入 25％亚硝酸溶液，边加边振荡，观察现象[7]。

取丙胺、二乙胺、三乙胺重复以上试验，比较结果。

3. 兴斯堡（Hinsberg）反应[8]——胺的鉴定

取 3 支试管，分别加入 3 滴苯胺、N-甲基苯胺、N,N-二甲基苯。再向各试管中加入 3 滴苯磺酰氯，用力振荡试管，手触管底，哪支试管发热？然后加 5mL5％氢氧化钠溶液，塞住管口，并在水浴中温热至苯磺酰氯特殊气味消失为止。解释原因。

4. 苯胺的反应

（1）溴代反应[9]

取 1 支试管，加入 1 滴苯胺和 5mL 水，振荡使之溶解，取出 1mL（剩下的留做下面的试验），加入 1 滴饱和溴水，振荡。溶液里有何变化？继续加溴水，又会有什么变化？

（2）氧化反应

取 3 支试管，编号为 A、B、C，各加入 1mL 苯胺水溶液。A 试管中加入几滴漂白粉溶液，振荡，有何现象[10]？B 试管中滴加 2 滴饱和重铬酸钾和 0.5mL15％硫酸溶液，振荡后静置 10min，观察颜色变化的情况。C 试管中加入 1 滴 1％高锰酸钾溶液，振荡，有何变化？

（二）酰胺的性质

1. 碱性水解

取 1 支试管，加入 0.2g 乙酰胺，再加入 2mL10％氢氧化钠溶液，用湿润红色石蕊试纸检验放出的气体，解释原因。

2. 酸性水解

取 1 支试管，加入 0.2g 乙酰胺，再加入 1mL 浓盐酸（在冷水冷却下加入）。注意此时试管里的变化。加沸石煮沸 1min 后冷至室温，溶液里有何变化？为什么？

（三）尿素（脲）的反应

1. 尿素的水解

取 1 支试管，加 1mL 20％尿素水溶液和 2mL 饱和氢氧化钡溶液。加热，在试管口放一条湿润红色石蕊试纸。观察加热时溶液的变化和石蕊试纸颜色的变化。放出的气体有何气味？解释原因。

2. 尿素与亚硝酸的反应

取 1 支试管，加 1mL 20％尿素水溶液和 0.5mL 10％亚硝酸钠水溶液，混合均匀，然后逐滴加入 10％硫酸溶液。观察现象。解释原因。

3. 缩二脲反应[11]

在一干燥小支试管中，加入 0.3g 尿素，将试管用小火加热，至尿素熔融，此时有氨的气味放出（嗅其气味或用湿润红色石蕊试纸在试管口试之），继续加热，试管内的物质逐渐凝固[12]（此即缩二脲）。待试管放冷后，加 2mL 热水，并用玻璃棒搅拌。取上层清液于另一支试管中，在此缩二脲溶液中加入 1 滴 10％氢氧化钠溶液和 1 滴 1％硫酸铜溶液，观察颜色的变化。

4. 酰胺的霍夫曼（Hoffmann）降解

取 1 支试管，加入 0.2g 乙酰胺，再加入 3～4 滴饱和溴水，振荡。然后慢慢加入 10％氢氧化钠至溴的红棕色消失，再加入过量的等体积的氢氧化钠。微热，在试管口放一张湿润的红色石蕊试纸，观察有何变化。

附注

〔1〕苯胺难溶于水，但可与盐酸形成苯胺盐酸盐而溶解。加入氢氧化钠后，盐酸与之中和，破坏了苯胺盐酸盐，溶液又变浑浊。

〔2〕大多数无机酸与苯胺作用生成的盐易溶于水，但苯胺硫酸盐为难溶于水的白色固体。反应式为：

$$2\ \underset{}{\bigcirc}^{NH_2} + H_2SO_4 \longrightarrow \left(\underset{}{\bigcirc}^{\overset{+}{N}H_3}\right)_2 SO_4^{2-}$$

〔3〕根据脂肪族和芳香族伯、仲、叔胺与亚硝酸反应的不同现象，可以鉴别伯、仲、叔胺：

（1）起泡，放出气体，得到澄清溶液者为脂肪族伯胺。

（2）溶液中有黄色固体或油状物析出，加碱后不变色者为仲胺，加碱至碱性时变为绿色固体者为芳香族叔胺。

（3）不起泡，无气体放出，得到澄清溶液，取溶液数滴加到 5% β-萘酚的氢氧化钠溶液中，出现橙红沉淀者为芳香族伯胺。

〔4〕芳香族伯胺与亚硝酸作用生成重氮盐的反应为重氮反应。芳香族伯胺与亚硝酸在低温下反应，生成的重氮盐在低温（5℃以下）和强酸水溶液中是稳定的，升高温度则分解成酚和氮气。

$$ArNH_2 + NaNO_2 + HCl \longrightarrow [ArN\equiv N]^+Cl^- \xrightarrow[H_2O]{\triangle} ArOH + N_2\uparrow$$

〔5〕β-萘酚溶液的配制：将 10g β-萘酚溶于 100mL 5% 氢氧化钠溶液中。

芳香族伯胺与亚硝酸作用生成的重氮盐在碱性条件下与 β-萘酚发生偶合反应，生成偶氮染料而显色，如：

$$ArNH_2 \xrightarrow{HNO_2} Ar-\overset{+}{N}\equiv N: \xrightarrow[OH^-]{\beta\text{-萘酚}}$$

〔6〕仲胺与亚硝酸反应，生成的 N-亚硝基胺为不溶于水的黄色油状液体或固体。

$$R_2NH + HNO_2 \longrightarrow R_2N-NO$$
$$(Ar)_2NH + HNO_2 \longrightarrow (Ar)_2N-NO$$

N-亚硝基胺与稀酸共热，可分解为原来的胺，可用来鉴别或分离提纯仲胺。

〔7〕脂肪族叔胺因氮原子上没有氢，只能与亚硝酸形成不稳定的盐。

$$R_3N + HNO_2 \longrightarrow R_3N \cdot HNO_2$$

芳香族叔胺与亚硝酸反应，在芳环上发生亲电取代反应导入亚硝基。

$$\bigcirc-N(CH_3)_2 + HNO_2 \longrightarrow ON-\bigcirc-N(CH_3)_2$$
对亚硝基-N,N-二甲基苯胺
对亚硝基-N，N-二甲基苯胺

〔8〕兴斯堡（Hinsberg）反应是鉴别伯、仲、叔胺的简单方法。苯磺酰氯可用对甲基苯磺酰氯代替。伯胺磺酰化后的产物，氮原子上还有一个氢原子，由于磺酰基的吸电子效应，使得这个氢原子显酸性，产物可溶于氢氧化钠溶液。仲胺磺酰化的产物因无此氢原子，故不溶于碱。叔胺则因氮原子上无氢原子，不能进行磺酰化反应。有关反应式为：

$$RNH_2 + ArSO_2Cl \longrightarrow ArSO_2NHR \xrightarrow{NaOH} [ArSO_2N^- R]Na^+（水溶性盐）$$

$$R_2NH + ArSO_2Cl \longrightarrow ArSO_2NR_2 \quad (不溶于强碱)$$

$$R_3N + ArSO_2Cl \longrightarrow 不反应 \quad (在氢氧化钠溶液中分层)$$

［9］加入过量的溴水，可把产物氧化为醌型化合物往往产生颜色。

［10］苯胺遇漂白粉溶液即呈明显的紫色，这个反应可用来鉴定苯胺。其反应式如下：

［11］将尿素缓慢加热至熔点以上时，两分子尿素间失去一分子氨，缩合生成缩二脲。

$$H_2N-\overset{\overset{\displaystyle O}{\|}}{C}-NH_2 + H_2N-\overset{\overset{\displaystyle O}{\|}}{C}-NH_2 \xrightarrow{150\sim160℃} H_2N-\overset{\overset{\displaystyle O}{\|}}{C}-NH-\overset{\overset{\displaystyle O}{\|}}{C}-NH_2 + NH_3\uparrow$$

缩二脲在碱性溶液中能与稀的硫酸铜溶液产生紫红色，叫做缩二脲反应。凡分子中含有两个或两个以上酰胺键（—CONH—）的化合物，如多肽、蛋白质等，都能发生缩二脲反应。

［12］开始是脲溶化。再受热，脲缩合为熔点较高的缩二脲，故成固体。

五、思考题

1. 如何鉴别伯、仲、叔胺？

2. 在重氮化反应中，通常要用过量的盐酸或硫酸，而且温度要保持在 5℃ 以下，为什么？

3. 能否用溴水试验来区别苯酚与苯胺？

实验24　杂环化合物和生物碱的性质

一、实验目的

掌握杂环化合物和生物碱的化学性质。

二、实验原理

杂环化合物由于杂原子上的孤电子对参与共轭而具有芳香性，在环上能发生亲电取代反应，在一定条件下也能发生加成反应。吡啶是一种含氮的六元杂环化合物，喹啉是它的重要衍生物，都具有芳香性。吡啶是缺电子芳杂环，N 原子使环上的电子云密度降低，在一定条件下有利于发生亲核取代，取代基主要进入电子云密度较低的 α-位或 γ-位；不利于发生亲电取代，若反应，则主要发生在 β-位。由于氮上的孤电子对，使吡啶具有碱性。

常见的生物碱多为含氮杂环，主要存在于植物中，又称植物碱，如烟碱、咖啡碱、茶碱等。不同的生物碱其碱性不同。此外，生物碱还可发生氧化和沉淀反应等。

本实验的样品仅取吡啶、喹啉、烟碱和咖啡碱作为代表进行性质实验。

三、主要仪器和药品

1. 仪器

试管、火柴、酒精灯、试管夹。

2. 药品

吡啶、喹啉、烟碱、咖啡碱、红色石蕊试纸、1%氯化铁溶液、0.5%高锰酸钾溶液、5%碳酸钠溶液、饱和苦味酸溶液、10%没食子鞣酸（单宁酸）的酒精溶液、5%氯化汞溶液、浓盐酸、20%醋酸溶液、碘化汞溶液。

四、实验内容

取4支试管，分别加入1mL吡啶、喹啉、烟碱和0.1g咖啡碱，闻其气味。再各加入5mL水，混合均匀。将此4种溶液按下列步骤分别进行试验。注意相互比较。

1. 碱性试验

(1) 各取一滴试液滴在红色石蕊试纸上，观察试纸颜色有什么变化？可以得出什么结论？

(2) 各取0.5mL试液，分别置于4支试管中，各加入1mL 1%氯化铁溶液，振荡试管，观察有无氢氧化铁沉淀析出？

2. 氧化反应[1]

取4支试管，各加入0.5mL试液，再分别加入0.5mL 0.5%高锰酸钾溶液和5%碳酸钠溶液，混合均匀，观察溶液颜色的变化。把没有变化或变化不大的混合物加热煮沸，结果怎样？从结构上加以解释。

3. 沉淀反应

(1) 取4支试管，各加入1mL饱和苦味酸溶液，再分别滴加2滴试液。静置5~10min，观察是否有沉淀生成。若加入过量的试液，沉淀是否溶解？解释原因。

(2) 取4支试管，各加2mL 10%没食子鞣酸（单宁酸）的酒精溶液，再分别加入0.5mL试液，摇匀，观察有无白色沉淀生成，解释原因。

(3) 取两支试管，各加入0.5mL吡啶、喹啉试液，再分别加入同体积5%氯化汞溶液（小心，有毒！），观察是否有松散的白色沉淀产生。加入1~2mL水后，结果怎样？再各加入0.5mL浓盐酸，现象如何？解释原因。

另取2支试管，各加烟碱、咖啡碱试液0.5mL，再各滴入1滴20%醋酸溶液和几滴碘化汞溶液，观察有无黄色沉淀生成？解释原因。

附注

[1] 吡啶环对亲电试剂较稳定，与冷或热的碱性高锰酸钾溶液作用都不褪色。喹啉在同样条件下则褪色。

$$\underset{N}{\boxed{}} \xrightarrow{[O]} \underset{N}{\boxed{}} \begin{matrix} COOH \\ COOH \end{matrix} + CO_2\uparrow + H_2O$$

烟碱氧化后生成烟酸：

咖啡碱被氧化后分解：

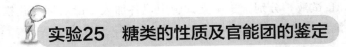

五、思考题

1. 吡啶、喹啉、烟碱为什么均具有碱性？哪一个碱性最强？氯化铁试验说明了什么？

2. 哪些试剂称为生物碱试剂？

实验25　糖类的性质及官能团的鉴定

一、实验目的

掌握糖类化合物的主要化学性质及鉴定方法。

二、实验原理

糖类也称碳水化合物，是多羟基醛或酮及其聚合物和某些衍生物的总称，通常分为单糖、二糖和多糖。

糖分子具有半缩醛结构的，称为还原糖，能还原斐林试剂、托伦试剂。单糖属于还原糖。二糖按两个单糖的结合方式不同也可分为还原糖和非还原糖。

还原二糖（麦芽糖、纤维二糖和乳糖等）分子中还有一个半缩醛羟基，具有变旋现象，能和过量苯肼反应生成糖脎，C-2 差向异构体可生成相同的脎，但不同结构的差向异构体反应速度不同，析出糖脎的时间也不同，可以据此来鉴别它们。

非还原二糖（蔗糖），分子中没有半缩醛羟基，所以没有还原性，也不能生成脎。

淀粉和纤维素属于多糖，无还原性，但它们在酸或酶的作用下水解生成葡萄糖而具有还原性。

淀粉遇碘显蓝色，这是鉴定淀粉的方法，反过来，也可用淀粉来检出碘分子。

糖类化合物的鉴定反应是莫立许反应，塞利凡诺夫反应可以鉴别醛糖和酮糖。

糖类还可以进行酯化反应，纤维素硝酸酯和醋酸酯在工业上应用很广。纤维素和铜氨溶液作用，生成可溶性铜配合物，铜配合物加酸后纤维素重新沉淀出来。这是制造人造丝的原理。

三、主要仪器和药品

1. 仪器

试管、试管夹、水浴锅、火柴、酒精灯、烧杯、温度计、玻璃棒、载玻片、盖玻片、低倍显微镜、脱脂棉、滤纸、表面皿、坩埚钳、电动离心机、医用注射器。

2. 药品

斐林试剂 A、斐林试剂 B、2%葡萄糖溶液、2%麦芽糖溶液、2%蔗糖溶液、2%果糖溶液、1%淀粉溶液、5%硝酸银溶液、2%氨水、本尼地试剂、5%氢氧化钠溶液、25%硫酸溶液、20%硫酸溶液、莫立许试剂、浓硫酸、塞利凡诺夫试剂、2%木糖、0.2%蒽酮-浓硫酸溶液、2%阿拉伯糖溶液、间苯三酚-浓盐酸溶液、0.1%碘溶液、苯肼试剂、1：5 硫酸溶液、10%氢氧化钠溶液、20%氢氧化钠溶液、饱和氯化钠、浓硝酸、乙醇、乙醚、硫酸铜晶体、浓氨水。

四、实验内容

1. 糖的还原性——还原糖的鉴定

（1）斐林（Fehling）试验

取 5 支干净试管，各加入 1mL 斐林试剂 A 和斐林试剂 B，混合均匀。在水浴中微热后，再分别加入 5 滴 2%葡萄糖溶液、2%麦芽糖溶液、2%蔗糖溶液、2%果糖溶液和 1%淀粉溶液，振荡，再用水浴加热至沸，观察各试管溶液有什么现象发生？比较结果。

（2）托伦（Tollens）试验[1]

取 5 支干净试管，各加入 3~5mL 5%硝酸银溶液，逐滴加入 2%氨水至最初产生的棕褐色沉淀恰好溶解为止。再分别加入 5 滴 2%葡萄糖溶液、2%麦芽糖溶液、2%果糖溶液、2%蔗糖溶液和 1%淀粉溶液，摇匀，在 50~60℃水浴中加热数分钟，观察有无银镜生成，记下出现银镜的时间。解释原因。

（3）本尼地（Benedict）试验

取 4 支干净试管，各加入本尼地试剂 2mL，再分别加入 5 滴 2%葡萄糖溶液、2%麦芽糖溶液、2%蔗糖溶液、2%果糖溶液，在沸水浴中加热几分钟，观察现象。解释原因。

（4）与碘溶液作用

取 2 支试管，分别加入 3mL 2%葡萄糖和 2%果糖溶液。再各加入 0.5mL 0.1%碘溶液，然后再各滴加 5%氢氧化钠溶液至颜色褪去为止，静置 7~8min，各滴加 5mL 25%硫酸，观察有何现象[2]。为什么？

2. 糖的显色反应

（1）莫立许（Molisch）反应[3]——糖类的鉴定

取 5 支试管，分别加入 1mL 2%葡萄糖溶液、2%麦芽糖溶液、2%蔗糖溶液、2%果糖溶液和 1%淀粉溶液，再各加入 3~4 滴莫立许试剂，摇匀。把盛有糖液的试管倾斜成 45°角，沿着管壁慢慢加入 1mL 浓硫酸，切勿摇动，使硫酸和糖之间有明显的分层，观察液面交界处是否有紫色环出现。若无紫色环出现，可在水浴上温热再观察变化，并加以解释。

（2）塞利凡诺夫（Seliwanoff）反应[4]——酮糖类的鉴定

取 4 支试管，各加入塞利凡诺夫试剂 1mL，再分别加入 2 滴 2％葡萄糖溶液、2％麦芽糖溶液、2％蔗糖溶液、2％果糖溶液，摇匀，置于沸水浴中加热 1～2min，观察其颜色变化。加热 20min 后，再观察之。解释原因。

(3) 蒽酮反应[5]——糖类的鉴定

取 6 支试管，分别加入 0.5mL 2％葡萄糖溶液、2％麦芽糖溶液、2％蔗糖溶液、2％果糖溶液、1％淀粉溶液和 2％木糖溶液，将各试管倾斜，沿管壁慢慢加入 0.5mL 新配制的 0.2％蒽酮-浓硫酸溶液，不要摇动，观察现象。

(4) 吐伦斯反应[6]——糖类的鉴定

取 4 支洁净的试管，分别加入 2 滴 2％木糖溶液、2％葡萄糖溶液、2％果糖溶液和 2％阿拉伯糖溶液，再各加入 5 滴间苯三酚-浓盐酸溶液，摇匀，置于沸水浴中加热 2min，观察各试管中颜色有何不同？

(5) 淀粉遇碘的反应[7]——淀粉的鉴定

取 1 支试管，加入 0.5mL1％淀粉溶液，再加入 1 滴 0.1％碘溶液。溶液是否呈现蓝色？将试管入在沸水中加热 5～10min，观察有何变化？放置冷却，又有何变化？

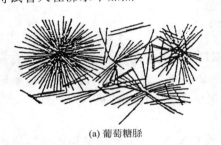

(a) 葡萄糖脎

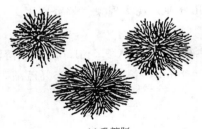

(b) 麦芽糖脎

(c) 乳糖脎

图 3-3 糖脎晶形

3. 成脎反应[8]——还原糖的鉴定

取 4 支试管，分别加入 2mL2％葡萄糖溶液、2％麦芽糖溶液、2％蔗糖溶液[9]和 2％果糖溶液，再各加入 1mL 苯肼试剂，用棉花塞住试管口，在沸水浴中加热并不断振荡。记录出现结晶的时间和颜色。20min 后，取出试管，冷却，观察是否有结晶析出？用玻璃棒挑出少许，放在载玻片上，用盖玻片盖好。在低倍显微镜下观察各糖脎的晶形，记录下来，并与图 3-3 进行比较。

4. 蔗糖的水解

在 1 支试管中加入 2mL 2％蔗糖溶液，再加 8 滴 1∶5 硫酸溶液，置沸水浴中加热 5～10min，然后用 10％氢氧化钠溶液中和反应液，将中和后的反应液分成二份，分别加入 1mL 新制的碱性氢氧化铜和本尼地试剂，同时置于沸水浴中加热 2min，观察现象。

5. 淀粉的水解

(1) 酸水解

取 1 支试管，加入 4mL 1％淀粉溶液，加蒸馏水 3mL，再加 6 滴 20％硫酸溶液，置沸水浴中加热，每隔 5min 取少量反应液做碘试验，直至不再与碘反应为止。然后加入 10％氢氧化钠溶液中和反应液至中性，把中和后的反应液分成两份，分别加入 1mL 新制的碱性氢氧化铜和本尼地试剂，同时置于水浴中加热，观察产生的现象。为什么？

(2) 酶水解

取 1 支试管，加入 3mL 1％淀粉溶液、0.5mL 饱和氯化钠及新鲜唾液 1mL，混匀，在

37℃水浴中加热 15min 左右，取水解液 1mL，再加入新制的碱性氢氧化铜 2mL，结果如何？

6. 纤维素的水解

取 1 支干燥的试管，放入少许脱脂棉，加入浓硫酸搅拌，使棉花全溶（不要变黑！）。加入 3mL 水，摇匀，在沸水浴中加热 10～15min，冷却。取水解液 0.5mL，用 20％氢氧化钠溶液中和，再加入 5 滴本尼地试剂，摇匀，在沸水浴中加热 2min，有何现象？为什么？

7. 纤维素硝酸酯的制备

取 1 支大试管，加入 4mL 浓硝酸，再缓缓加入 8mL 浓硫酸，摇匀。用玻璃棒把 0.3g 脱脂棉浸入混酸中。再把试管置于 60～70℃水浴中加热，并不断搅拌。5min 后，用玻璃棒挑出脱脂棉，放在烧杯中用水洗涤几次，再在流水下冲洗，洗时用手指把脱脂棉撕开，洗完后把水挤干，再用滤纸吸干，放在表面皿上，在水浴上蒸干，得到浅黄色、干燥的纤维素硝酸酯（即硝化纤维）。把它分成两份。

（1）用坩埚钳夹取一小块硝化纤维，点燃，是否立刻猛烈燃烧？另点燃一小块脱脂棉，比较燃烧有何不同？

（2）把另一块硝化纤维浸入 1mL 乙醇和 3mL 乙醚的混合液，使之溶解，得到硝化纤维溶液。取此溶液少许，倒入表面皿上，在水浴上加热，得到硝化纤维薄片（即火棉胶）。用坩埚钳夹取薄片点燃，观察燃烧情况。

8. 铜氨溶液与纤维素的作用[10]

称取硫酸铜晶体 1g，溶于 15mL 水中，然后加入 20％氢氧化钠溶液至不再生成沉淀为止（约 2～3mL），用电动离心机分离氢氧化铜沉淀，加入浓氨水至氢氧化铜沉淀溶解，得到深蓝色铜氨溶液。加入 0.5g 脱脂棉，用玻璃棒搅拌使之溶解，得到深蓝色胶状纺丝液。

用医用注射器吸取纺丝液，把它注入装有稀硫酸的烧杯中，可得到丝状纤维。

附注

[1] 蔗糖溶液置于沸水浴中加热或加热时间过长，有时会因其水解而呈正性反应。

[2] 醛糖可被碘酸、次碘酸、溴酸、次溴酸等氧化剂氧化成糖酸，酮糖在同样的条件下不被氧化。因此用碘水、溴水可鉴别醛糖和酮糖。

次碘酸钠可由碘与碱制得，是一个可逆反应：

$$I_2 + 2NaOH \rightleftharpoons NaI + NaIO + H_2O$$

在碱性溶液中，因反应向右进行，产生次碘酸钠（氧化剂），碘液褪色。在酸性溶液中，因反应向左进行，析出碘，溶液呈棕色。

醛糖把次碘酸钠还原成碘化钠，反应后，在溶液中加酸，反应不能向左进行，没有碘析出，溶液不呈棕色。而酮糖与次碘酸钠反应缓慢，加酸后有碘析出。

[3] 糖类化合物与浓硫酸作用生成糠醛及其衍生物等，糠醛及其衍生物与 α-萘酚起缩合作用，生成紫色的物质。

[4] 酮糖在酸的作用下，脱水生成羟甲基糠醛与间苯二酚缩合生成红色物质，反应很快，反应式如下：

[5] 糖类化合物与蒽酮试剂作用产生绿色，再变为蓝绿色。糠醛产生暂时性绿色，很快又变为棕色。

[6] 戊糖与盐酸作用生成糠醛，与间苯三酚缩合形成红色或暗红色产物，其他糖产生黄色或棕色。

[7] 直链淀粉遇碘显蓝色。直链淀粉通过分子内氢键卷曲成螺旋状，碘分子钻入淀粉的螺旋结构中，并借助范德华力与淀粉形成一种蓝色的包结物。当加热时，分子运动加剧，致使氢键断裂，包结物解体，蓝色消失；冷却后又恢复包结物结构，深蓝色重新出现。

[8] 几种重要糖脎析出的时间、颜色、熔点和比旋光度如下：

糖的名称	比旋光度	析出糖脎 所需时间/min	糖脎颜色	糖脎熔点/℃ （或分解温度）
果糖	−92°	2	深黄色	205
葡萄糖	+52.7°	4～5	深黄色	205
麦芽糖	+129.0°	冷后析出	深黄色	206
蔗糖	+66.5°	30（转化生成）	黄色	205
木糖	+18.7°	7	橙黄色	163
半乳糖	+80.2°	15～19	橙黄色	201

[9] 蔗糖不与苯肼作用生成脎，但经长时间加热，可水解成葡萄糖和果糖，因而也有少量糖脎生成。

[10] 纤维素不溶于水，可溶于铜氨溶液，因为铜氨溶液中含有 $[Cu(NH_3)_4](OH)_2$，能与葡萄糖残基形成配离子 $(C_6H_7O_5Cu)^-$，把纺丝液注入酸中，配离子被破坏，重新析出纤维素，但再生纤维素不具有天然纤维素的结构。

五、思考题

1. 用什么方法可证明某化合物是糖？是还原糖或非还原糖？

2. 在糖的还原性试验中，蔗糖与新制的碱性氢氧化铜长时间加热后，也可能会得到阳性结果，这是什么原因？

3. 具有哪种结构的糖可以形成相同的糖脎？能否用成脎反应来鉴别它们？

实验26　氨基酸、蛋白质的性质及官能团的鉴定

一、实验目的

掌握氨基酸、蛋白质的化学性质及鉴定方法。

二、实验原理

自然界存在的氨基酸多为α-氨基酸，除甘氨酸外，其余的氨基酸都含有手性碳原子，多为L-构型，而且有旋光性。氨基酸具有羧基（—COOH）和氨基（—NH$_2$），是两性化合物。根据分子中所含羧基和氨基的相对数目不同，可分为酸性氨基酸、中性氨基酸、碱性氨基酸。氨基酸易溶于水，难溶于非极性的有机溶剂，不同的氨基酸溶解性也不同，可用纸色谱法来分离混合氨基酸。氨基酸具有等电点，并起特殊的颜色反应。

蛋白质是生命的物质基础，是细胞的重要组分。蛋白质是由许多α-氨基酸分子缩聚而成的天然高分子化合物。它可水解，易变性，并起特殊的颜色反应。

三、主要仪器和药品

1. 仪器

试管、火柴、酒精灯、烧杯、托盘天平。

2. 药品

酪氨酸、10％氢氧化钠溶液、15％盐酸溶液、蛋白质溶液、1％盐酸溶液、pH＝3.0、4.6、7.0的缓冲溶液[1]、酪蛋白溶液、饱和硫酸铵溶液、饱和硫酸铜溶液、5％醋酸铅溶液、3％硝酸银溶液、5％氯化汞溶液、5％醋酸溶液、饱和苦味酸溶液、饱和鞣酸、1％甘氨酸、酪氨酸、谷氨酸、0.1％茚三酮试剂、1％硫酸铜、浓硝酸、10％氢氧化钠、红色石蕊试纸。

四、实验内容

（一）两性与等电点[2]

（1）取1支试管，分别加入约0.1g酪氨酸和2mL水，摇匀。观察是否溶解？逐滴加入10％氢氧化钠溶液呈弱碱性，观察现象。再加入15％盐酸至酸性，观察又有何变化？为什么？

（2）取1支试管，加入1mL蛋白质溶液，逐滴加入1％盐酸至溶液变浑浊，继续滴加1％盐酸，有何变化？

（3）取3支试管，分别加入5mL pH＝3.0、4.6、7.0的缓冲溶液，各加10滴酪蛋白溶液[3]，摇匀。比较现象并说明理由。

（二）蛋白质的沉淀

1. 蛋白质的可逆沉淀（盐析作用）

取2mL蛋白质溶液置于试管中，加入等体积饱和硫酸铵溶液（浓度约为43％），将

混合物稍加振荡，观察有什么现象。取上述混合液 1mL，加 2～3mL 水，振荡，观察现象。

2. 蛋白质的不可逆沉淀

（1）重金属盐沉淀[4]

取 4 支试管，各加入 1mL 蛋白质溶液，然后分别加入 2～3 滴饱和硫酸铜溶液、5% 醋酸铅溶液、3% 硝酸银溶液、5% 氯化汞溶液（小心，有毒！），振荡，观察现象。再各加入 2～3mL 水，沉淀是否溶解？

（2）生物碱试剂沉淀

取 2 支试管，各加入 1mL 蛋白质溶液和 2 滴 5% 醋酸溶液，使溶液呈酸性。然后分别加入 4～5 滴饱和苦味酸溶液、饱和鞣酸[5]溶液，振荡，观察现象。

（3）加热沉淀

取 1 支试管，加入 2mL 蛋白质溶液，在沸水浴上加热 5～10min 后，观察现象。

（三）显色反应

1. 茚三酮反应——α-氨基酸的鉴定

取 4 支试管，分别加入 1mL 1% 甘氨酸、酪氨酸、谷氨酸和蛋白质溶液，再各加入 2～3 滴 0.1% 茚三酮[6]试剂，在沸水浴上加热 15min 左右，观察现象。

2. 缩二脲反应——蛋白质的鉴定

在 1 支试管中加入 1mL 蛋白质溶液和 1mL 10% 氢氧化钠溶液，再加入 2～3 滴 1% 硫酸铜溶液，观察现象。

3. 黄蛋白反应[7]——蛋白质的鉴定

在 1 支试管中加入 2mL 蛋白质溶液和 1mL 浓硝酸，摇匀，观察沉淀颜色。然后在沸水浴中加热，观察沉淀颜色的变化。冷却后，滴入 10% 氢氧化钠至碱性，观察颜色有何变化？

（四）蛋白质的分解

取 2mL 蛋白质溶液，加入 4mL 10% 氢氧化钠，加热 3～5min，在试管口放一张湿润的红色石蕊试纸，有何现象？

附注

[1] 缓冲溶液的配制如下：

酸或碱	0.1mol·L 盐酸 20.40mL	0.1mol·L 氢氧化钠 12.00mL	0.1mol·L 氢氧化钠 29.54mL
盐溶液	0.2mol·L 邻苯二甲酸氢钾 25mL	0.2mol·L 邻苯二甲酸氢钾 25mL	0.2mol·L 邻苯二甲酸氢钾 25mL
水	稀释至 100mL	稀释至 100mL	稀释至 100mL
pH	3.0	4.6	7.0

[2] 同一氨基酸分子内的羧基与氨基，能相互作用，在同一分子内生成盐，称为内盐。内盐具有两种相反的电荷，它是一种带有双重电荷的离子，又称为偶极离子。

固态氨基酸就是以偶极离子的形式存在，静电引力大，熔点高、可溶于水而难溶于有机溶剂。氨基酸溶于水时，羧基电离出质子的能力与氨基接受质子的能力并不相等，所以氨基酸水溶液不一定是中性，如果用酸、碱调节氨基酸水溶液的 pH 时，可用下式表示：

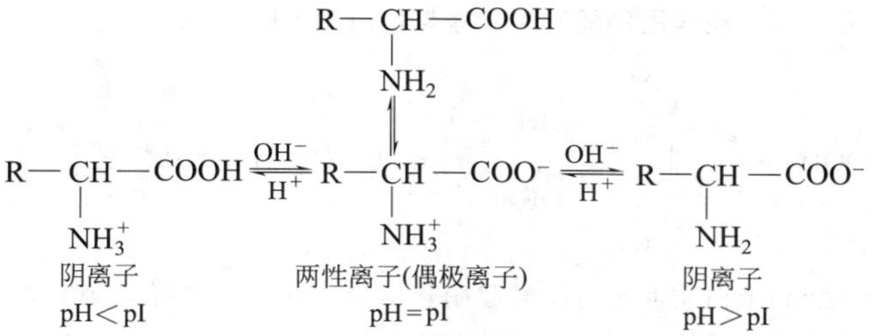

R—CH—COOH
    |
    NH$_2$

$$R-\underset{NH_3^+}{CH}-COOH \underset{H^+}{\overset{OH^-}{\rightleftharpoons}} R-\underset{NH_3^+}{CH}-COO^- \underset{H^+}{\overset{OH^-}{\rightleftharpoons}} R-\underset{NH_2}{CH}-COO^-$$

阴离子　　　　　　　两性离子(偶极离子)　　　　阴离子
pH＜pI　　　　　　　　pH＝pI　　　　　　　　pH＞pI

如果把氨基酸置于电场中，它的阴离子会向正极移动，阳离子会向负极移动。当调节溶液的 pH，使氨基酸以偶极离子形式存在时，它在电场中既不向阴极移动，也不向阳极移动，此时溶液的 pH 称为该氨基酸的等电点，用符号 pI 表示。在等电点时，氨基酸本身处于电中性状态，此时，溶解度最小，最易沉淀。

〔3〕酪蛋白又叫乳酪素、干酪素。由于分子中含有磷酸，显弱酸性，能溶于强酸和浓酸，但几乎不溶于水。

〔4〕重金属盐在浓度很小时就能沉淀蛋白质，与蛋白质形成不溶于水的类似盐类化合物，且沉淀是不可逆的，因此蛋白质是许多重金属中毒的解毒剂。

〔5〕生物碱试剂沉淀蛋白质反应说明该蛋白质分子中存有杂环的氨基存在。

〔6〕茚三酮溶液的配制及其显色反应原理如下：

配制：取 0.1g 茚三酮溶于 50mL 水中即得。配制后应在两天内用完。放置过久，易变质失灵。任何含有游离氨基的物质均可与茚三酮发生氧化还原作用：

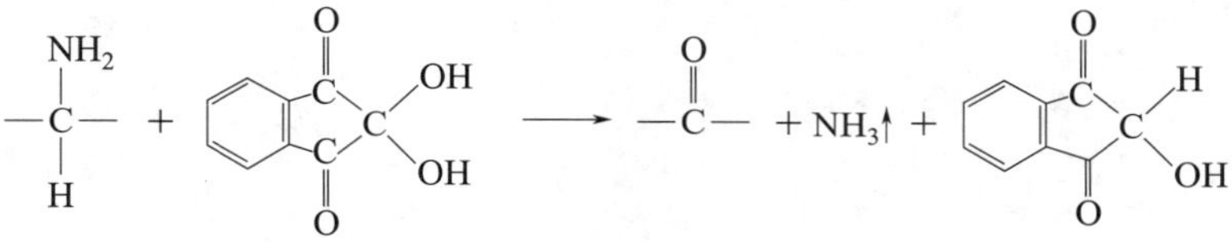

过量的茚三酮与还原产物和氨进一步缩合：

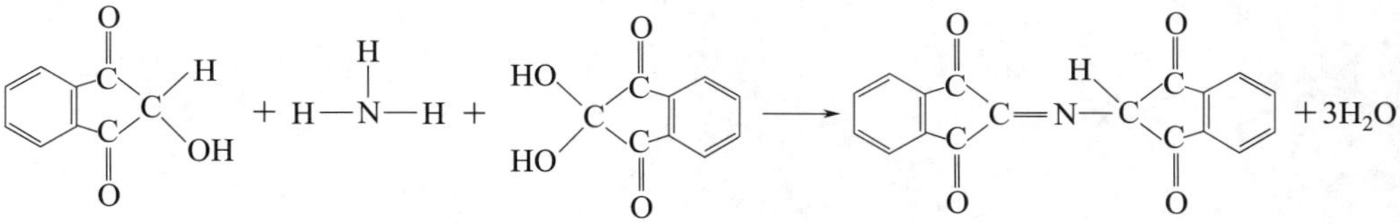

缩合产物系蓝紫色染料，它可经下列互变现象，再与氨形成烯醇式的铵盐，后者在溶液中解离出阴离子，能使反应液的颜色变深。

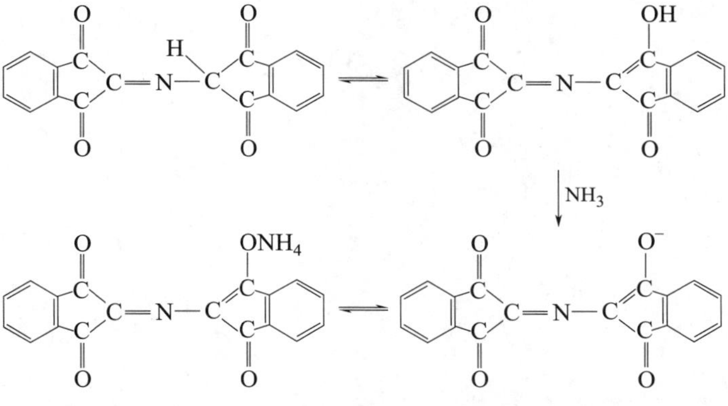

含有游离氨基的蛋白质或其水解产物（胨、多肽等）均有显色反应。α-氨基酸与茚三酮试剂也有显色

反应，唯其氧化还原反应中有去羧作用伴随发生，这与蛋白质不同。

[7] 含有苯环的氨基酸和蛋白质都能与硝酸起硝化反应，在苯环上导入硝基，生成黄色化合物，加碱后变成橙黄色，是由于生成醌式结构的缘故。皮肤上沾上硝酸会变黄就是这个道理。

五、思考题

1. 为何蛋清可用作铅和汞中毒的解毒剂？
2. 氨基酸与茚三酮反应的原理是什么？
3. 设计鉴别下列化合物的方案并说明原因：
谷氨酸、酪氨酸、苯丙氨酸、尿素、酪蛋白

第四章 有机化合物的制备技术

Chapter 04

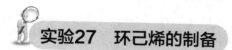

实验27　环己烯的制备

一、实验目的

1. 学习环己烯的制备方法和分离提纯操作技术。
2. 掌握分馏原理及简单分馏装置。

二、实验原理

饱和一元醇类在浓酸作催化剂条件下可以发生消去反应而生成烯烃。本实验是以环己醇为原料，以磷酸为催化剂，加热条件下环己醇发生分子内脱水而生成环己烯，经分馏方法从反应体系中蒸出，反应式如下：

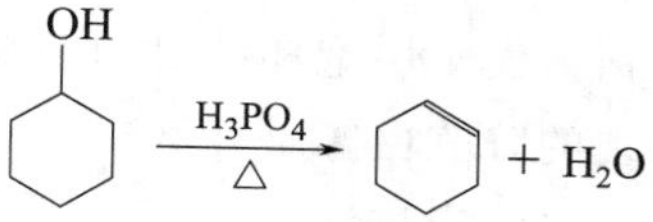

$$\text{环己醇} \xrightarrow[\triangle]{H_3PO_4} \text{环己烯} + H_2O$$

三、主要仪器和药品

1. 仪器

50mL 干燥的圆底烧瓶、50mL 锥形瓶、刺形分馏柱、分液漏斗、小锥形瓶、小漏斗、直形冷凝管、150℃温度计、50mL 蒸馏烧瓶、酒精灯、石棉网、滤纸、托盘天平、量筒。

2. 药品

环己醇、浓硫酸、无水氯化钙、5％碳酸钠溶液、食盐、沸石等。

四、实验步骤

在 50mL 干燥的圆底烧瓶中，放入 10g 环己醇、5mL 浓硫酸和少量沸石，充分振荡混合均匀。烧瓶上装一短的分馏柱，接上冷凝管，用 50mL 锥形瓶作接收器并用冰水冷却。隔石棉网用小火慢慢加热烧瓶至沸腾，控制加热速度，缓慢地蒸出生成的环己烯和水，并使分馏柱上端的温度不超过 90℃。当烧瓶中只剩下极少量的残渣并出现阵阵白雾时，停止蒸馏。

全部蒸馏时间约需 1h。

　　蒸馏液用食盐饱和，然后加入 3～4mL 5％碳酸钠溶液中和微量的酸。将此液体倒入分液漏斗中，振摇后静置。待分层清晰后，将下层水溶液自漏斗下端活塞放出，上层的粗产物自漏斗的上口倒入干燥的小锥形瓶中，再加入 2～3g 无水氯化钙干燥。用木塞塞好，放置 30min（经常振摇）。将干燥后的产物通过置有折叠滤纸的小漏斗（滤去氯化钙），直接滤入干燥的 50mL 蒸馏烧瓶中，加入沸石后用水浴加热蒸馏。收集 80～85℃的馏分于一已称重的干燥小锥形瓶中。若在 80℃以下已有大量液体馏出，可能是由于干燥不够完全所致（氯化钙用量过少或放置时间不够长），应将这部分产物重新干燥并蒸馏之。产量为 5～6g。

　　纯净的环己烯为无色液体，沸点为：83℃，折射率为：1.4465。

　　本实验需 6～8h。

五、注意事项

　　1. 环己醇常温下是黏稠液体（熔点为 24℃），量取体积时误差比较大，故称其质量。

　　2. 最好采用空气浴，即将烧瓶逐步向上移动，稍稍离开石棉网进行加热，烧瓶受热均匀。

　　3. 由于反应中环己烯与水形成共沸物（沸点为 70.8℃，含水 10％），环己醇与环己烯形成共沸物（沸点为 64.9℃，含环己醇 30.5％），环己醇与水形成共沸物（沸点为 97.8℃，含水 80％），加热温度不宜过高。加热速度不宜过快，减少环己醇的蒸出。

　　4. 加入无水氯化钙放置 30min 后形成澄清液体，用无水氯化钙干燥还可以除去环己醇。

　　5. 本实验的原料和产物易燃，要注意防止火灾。

六、思考题

　　1. 在粗制的环己烯中，加入精盐使水层饱和的目的何在？

　　2. 制备环己烯时反应后期出现的阵阵白雾是什么？

　　3. 为什么氯化钙在蒸馏前一定要将它过滤掉？

　　附微型化实验

　　1. 用移液管向 5mL 圆底瓶中加入环己醇 1.0mL，再用滴管滴入 2 滴浓硫酸，摇匀，投入两粒沸石。在瓶口安装微型分馏头，分馏头的直口插温度计，斜口安装微缩的空气冷凝管。

　　2. 用石棉网加热圆底烧瓶。液体微沸后调小火焰，使产生的气雾非常缓慢而均匀地上升，经历 5～7min 后升至温度计的水银泡。此后严格控制加热的强度和稳定性，使分馏柱中有适当的回流，温度计记数不超过 90℃，当反应瓶中出现阵发性白雾时停止加热，历时约 40～50min。

　　3. 冷却后取下冷凝管，用长颈滴管自侧口插入分馏头的承接阱中，吸出所收集到的馏出液并转移到一支小离心管中。向离心管中加入少许食盐，振荡使之饱和。再向其中滴入数滴 5％碳酸钠溶液，边滴边摇动，使 pH 达到 7.5 左右为止。

　　4. 静置分层，用长颈滴管吸尽水层。加入适量无水氯化钙，塞紧管口干燥半小时以上。

　　5. 用滴管过滤法将经过干燥的粗产物滤入 1mL 离心管，在管口安装微型蒸馏头及缩微冷凝管，构成微型蒸馏装置。

　　6. 水浴加热蒸馏，收集 80～85℃馏分。将所得产物称重、计算收率并测定其折射率。

　　所得产物为无色透明液体。质量 0.40～0.49g。

　　本实验约需 2.5h。

一、实验目的

1. 学习乙醇为原料制备溴乙烷的方法和原理。
2. 掌握低沸点的有机物的蒸馏操作。

二、实验原理

卤代烃可以由醇与氢卤酸发生亲和取代反应来制备。溴乙烷是通过乙醇与氢溴酸反应制得。氢溴酸用溴化钠与浓硫酸反应来制取，适当过量的浓硫酸可以使反应平衡向右移动，并能使乙醇质子化，使反应更容易进行。有关反应如下：

主反应：
$$NaBr + H_2SO_4 \longrightarrow HBr + NaHSO_4$$
$$C_2H_5OH + HBr \rightleftharpoons C_2H_5Br + H_2O$$

副反应：
$$2C_2H_5OH \xrightarrow[\triangle]{浓\ H_2SO_4} C_2H_5OC_2H_5 + H_2O$$
$$2C_2H_5OH \xrightarrow[\triangle]{浓\ H_2SO_4} C_2H_4 + H_2O$$

为了使 HBr 充分反应，乙醇稍过量。

三、主要仪器和药品

1. 仪器

100mL 圆底烧瓶、研钵、25mL 蒸馏装置、分液漏斗、干燥的锥形瓶、托盘天平、量筒。

2. 药品

95％乙醇、溴化钠、浓硫酸、饱和亚硫酸氢钠溶液、无水氯化钙、沸石。

四、实验内容

在 100mL 圆底烧瓶中加入 10mL 95％乙醇和 10mL 水。在不断振荡并用冷水冷却的同时，缓缓加 19mL 浓硫酸，混合物冷却至室温，在搅拌下加入 16g 研细的溴化钠，加入几粒沸石。安装蒸馏装置。为防止产品挥发造成损失，接收瓶内装入冰水并浸入冰水浴中，带有支管的接液管末端应伸入接收瓶内液面以下，支管接上橡皮管导入下水道。

在石棉网上用小火加热烧瓶，约 10min 后慢慢加大火焰，直至无油状物滴出，反应即可结束。趁热将反应瓶内的无机盐硫酸氢钠倒入废液缸内，以免冷却后结块，给清洗带来困难。

将馏出液小心地转入分液漏斗，分出有机层，置于干燥的锥形瓶中（锥形瓶外最好有冰水冷却）。在振荡下，逐滴滴入 5mL 浓硫酸。滴加至可以看到硫酸与溴乙烷分层，振摇后静置，用干燥的分液漏斗分去硫酸层。溴乙烷转入 25mL 蒸馏烧瓶中，加入沸石，用水浴加热蒸馏，将已称重的干燥锥形瓶作接收器，并浸入冰水浴中冷却。收集 34～40℃的馏分，产量约 11g。

纯溴乙烷为无色液体，沸点 38.4℃，折射率：1.4239。

实验所需时间 5h。

五、注意事项

1. 溴化钠应事先研细，并在搅拌下加入，以防结块而影响氢溴酸的生成。

2. 产品的沸点很低，室温稍高即可挥发而造成损失。

3. 要控制好温度，温度过高会造成反应物损失，也会使反应剧烈而引起暴沸。

4. 加硫酸之前，尽可能将水除净，否则用浓硫酸洗涤时会产生热量而是产物挥发损失。

5. 加热不均匀或过快时，会有少量的溴分解出来使蒸出的油层带棕黄色。加饱和亚硫酸氢钠可除去此棕黄色。

6. 应趁热将残液倒出，以免硫酸氢钠冷后结块，不易倒出

六、思考题

1. 为什么浓硫酸能除去溴乙烷中混有的乙醚、乙醇等杂质？

2. 为了减少溴乙烷的挥发损失，本实验都采取了哪些措施？

3. 导致溴乙烷的产量较低的原因都有哪些？

附微型化实验

在 25mL 圆底烧瓶中，加入 2.5mL 无水乙醇及 2mL 水。在不断振荡和冷却下（冰水浴）缓缓分批加入 4mL 浓硫酸。冷至室温后，加入 4g 研细的溴化钠及 2 粒沸石，装上蒸馏头、冷凝管和温度计作蒸馏装置。接收器内放入少量冷水并浸入冷水浴中，接液管末端则浸没在接收器的冷水中。在电热套上用小火加热（50V 左右），约 10min 后慢慢加大火力，直至油状物馏出为止。

将馏出物倒入分液漏斗中，分出有机层，置于 10mL 干燥的锥形瓶里。将锥形瓶浸于冰水浴，在旋摇下用滴管慢慢滴加约 1.5mL 浓硫酸。用干燥的分液漏斗分去硫酸液，溴乙烷倒入 5mL 蒸馏瓶中，加两小粒沸石，水浴加热进行蒸馏。用已称量质量的干燥锥形瓶作接收器，并浸入冰水浴中冷却。收集 34～40℃馏分，产量约 2.7g。

本实验约需 3h。

实验29 1-溴丁烷的制备

一、实验目的

1. 了解 1-丁醇制备 1-溴丁烷的原理及实验方法。

2. 掌握液态有机化合物的洗涤、干燥和蒸馏等基本操作技术。

3. 熟悉回流装置和有害气体吸收装置的应用及其目的。

二、实验原理

用 1-丁醇与溴化钠、浓硫酸共热，制备 1-溴丁烷。

反应方程式：

$$NaBr + H_2SO_4 \longrightarrow HBr + NaHSO_4$$
$$CH_3CH_2CH_2CH_2OH + HBr \rightleftharpoons CH_3CH_2CH_2CH_2Br + H_2O$$

由于制备反应是可逆的，故本实验增加溴化钠的用量，同时加入过量的浓硫酸，以使氢溴酸保持较高的浓度。为防止溴化氢的挥发和降低浓硫酸的氧化性及减少副产物的生成，需加入适量的水。副反应：

$$CH_3CH_2CH_2CH_2OH \xrightarrow{\text{浓}\ H_2SO_4} CH_3CH_2CH=CH_2 + H_2O$$
$$CH_3CH_2CH_2CH_2OH \xrightarrow{\text{浓}\ H_2SO_4} CH_3CH_2CH_2CH_2OCH_2CH_2CH_2CH_3 + H_2O$$

三、主要仪器和药品

1. 仪器

100mL 圆底烧瓶、50mL 蒸馏烧瓶、球形冷凝管、直形冷凝管、接液管、200℃温度计、150mL 分液漏斗、玻璃弯管、锥形瓶、气体吸收装置、研钵、吸滤瓶、漏斗、滤纸、托盘天平、量筒。

2. 药品

正丁醇、无水溴化钠、浓硫酸、饱和亚硫酸氢钠溶液、饱和碳酸氢钠溶液、无水氯化钙、沸石。

四、实验内容

在 100mL 圆底烧瓶中加水 0.5mL，在水冷却下边振荡边慢慢加入浓硫酸 7mL，混匀后冷却到室温，再加入正丁醇 5mL、研细的无水溴化钠 7g 和几粒沸石。充分振摇后，垂直地装上一支球形冷凝管。冷凝管上端连接一弯管，弯管的另一端连接一吸滤瓶或漏斗，烧杯中的水用来吸收反应中逸出的溴化氢（见图 4-1）。

小火加热至沸腾，调节火焰使反应物保持平稳的回流，要经常摇动烧瓶，促使溴化钠溶解（30～40min）。反应完毕，待稍冷后拆除回流装置，改作蒸馏装置，圆底烧瓶内重新加入几粒沸石，用一个盛有 20mL 蒸馏水的锥形瓶（100mL）作接收器，加热蒸馏。当反应瓶中液面的油层消失，馏出液由浑浊变为澄清无油珠出现时，表明 1-溴丁烷已全部蒸出。

将馏出液倒入分液漏斗［如产物呈红色（溴），可加入 5～8mL 饱和亚硫酸氢钠溶液洗涤除去］。分出产物，再用等体积浓硫酸洗涤，分离弃去酸层。然后，依次用等体积水、等体积

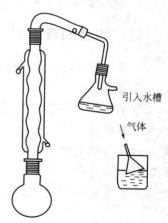

图 4-1　1-溴丁烷的制备

饱和碳酸氢钠溶液洗涤。注意放气。最后，再用 10mL 水洗涤。将下层粗 1-溴丁烷放入干燥的小锥形瓶中，加入无水氯化钙约 1～2g，塞上塞子，间歇地振摇，使瓶内液体澄清透明为止（约需 30min）。

干燥后的产物通过有折叠滤纸的玻璃漏斗，滤入 50mL 蒸馏烧瓶，加入几粒沸石，再隔石棉网加热蒸馏。收集 99～103℃的馏分于已知质量的 100mL 锥形瓶中。称量，计算产率。

纯 1-溴丁烷为无色透明液体。沸点为 −101.6℃，折射率为 1.4401。

本实验约 6～8h。

五、注意事项

1. 溴化钠应先研细后再称量。为防止加入溴化钠时容易结块，影响溴化氢的顺利产生，加热时将反应瓶放在冰水浴中且加料边振摇。

2. 加热后，瓶内常呈红褐色。这是由于溴化氢被硫酸氧化，生成溴的缘故。

3. 蒸馏结束，烧瓶内的残液应趁热慢慢地倒入废液缸中，以免冷却后结块，不易倒出。

六、思考题

1. 实验中的浓硫酸的作用是什么？

2. 粗产品中的杂质都有哪些？各步洗涤的目的是什么？

3. 为什么在用饱和碳酸氢钠溶液洗涤前后都用水洗一次？

实验30　苯乙醚的制备

一、实验目的

1. 学习 Williamson 合成法制备醚的原理和方法。

2. 熟悉滴液漏斗的使用。

3. 进一步练习干燥和减压蒸馏的操作。

二、实验原理

醚是一类很有用的有机化合物，有些醚是有机合成的重要溶剂，有些醚有特殊的香味而用来作香料。

醚的制法主要有两种：第一种是醇的分子间脱水，此法用于制备单纯醚，即氧桥两边具有相同的烃基；第二种是醇、酚的金属盐与卤代烃或硫酸酯（常用硫酸二甲酯或硫酸二乙酯）作用得到的醚，这类反应得到的醚可以是简单醚，也可以是混合醚，即氧桥两边具有不同的烃基，这种方法称为 Williamson 合成法。

苯乙醚可利用 Williamson 合成法制备，反应式如下：

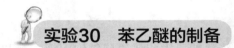

$$\text{—OH} + CH_3CH_2Br + NaOH \longrightarrow \text{—OCH}_2CH_3 + NaBr + H_2O$$

三、主要仪器和药品

1. 仪器

50mL 三口烧瓶、滴液漏斗、球形冷凝管、搅拌器、分液漏斗、减压蒸馏装置、250℃温度计、托盘天平、量筒。

2. 药品

苯酚、氢氧化钠、溴乙烷、饱和食盐水、乙醚、无水氯化钙、沸石。

四、实验内容

在装有搅拌器、球形冷凝管和滴液漏斗的 50mL 三口烧瓶中，加入 3.0g 苯酚、2g 氢氧化钠和 2mL 水，水浴加热，温度控制在 80～90℃ 之间，边搅拌边缓慢滴加 3.4mL 溴乙烷，约 30min 滴加完毕，继续保温 2h，降至室温。加适量水（约 10mL）使固体全部溶解。把液体转入分液漏斗中，分出水相，有机相用等体积饱和食盐水洗两次（若出现乳化现象，可减压过滤），分出有机相，合并两次的洗涤液，用 10mL 乙醚提取一次，提取液与有机相合并，用无水氯化钙干燥（30min）。水浴蒸出乙醚，再减压蒸馏，收集产品，也可以进行常压蒸馏，收集 171～173℃ 馏分。产品为无色透明液体，质量为 2.5～3g。

五、注意事项

1. 控制溴乙烷滴加速度，不宜过快。
2. 本实验不能用明火。

六、思考题

1. 反应过程中，回流的液体是什么，出现的固体是什么？
2. 为什么保温到后期回流不太明显了？
3. 用饱和食盐水洗涤的目的何在？

附微型化实验

在 10mL 圆底烧瓶中加入 1.5g 苯酚，1g NaOH 和 1mL 水，装上球形冷凝管，搅拌溶解。在水浴 80～90℃ 下，用磁力搅拌电热套加热搅拌，滴加 1.7mL 溴乙烷，约在 20～30min 滴完，继续在 80～90℃ 下回流、搅拌 1h，反应完毕后，降至室温，加入 2～4mL 水（固体完全溶解），用分液漏斗分离，有机层用等体积饱和食盐水洗涤两次，分出的饱和食盐水层各用 2mL 乙醚萃取两次，合并有机相，加入无水氯化钙干燥，放置至澄清，转入蒸馏装置，先在温水浴中蒸去乙醚，然后直火加热，收集 171～183℃ 的馏分，产品为无色透明液体，产量约 1～1.2g。

本实验约需 3h。

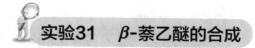

实验31 β-萘乙醚的合成

一、实验目的

1. 学习制备混合醚的方法。
2. 练习抽滤操作。

二、实验原理

β-萘乙醚是一种香料，常加入肥皂等卫生用品中，作为定香剂用。从结构上看它属于混合醚，所以采用 Williamson 合成法来制取。

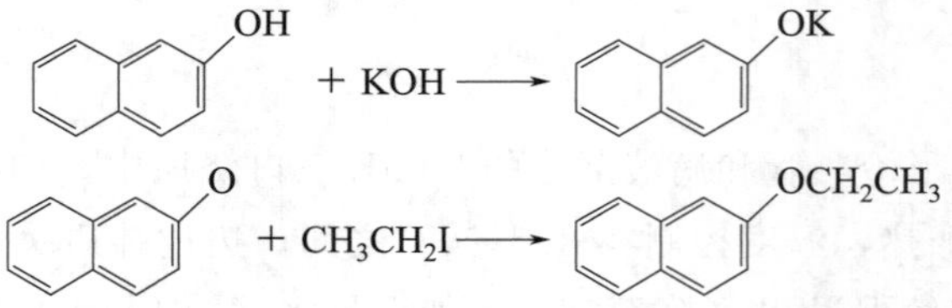

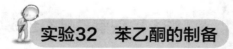

三、主要仪器和药品

1. 仪器

100mL 圆底烧瓶、烧杯、直形冷凝管、抽滤装置、托盘天平、量筒。

2. 药品

氢氧化钾、碘乙烷、β-萘酚、甲醇、冰。

四、实验内容

在 100mL 圆底烧瓶中，加入 5g 氢氧化钾与 50mL 无水甲醇的混合液，然后加入 5g β-萘酚，待溶解后，慢慢加入 3mL 碘乙烷，加热回流 1.5~2h。反应完毕后，将反应液倒入盛有 150g 碎冰的烧杯中，充分搅拌，应有结晶生成。抽滤收集固体，用热水洗涤，得到 β-萘乙醚的粗产品。粗产品可用甲醇重晶。

纯粹 β-萘乙醚的熔点为 37~38℃。

五、注意事项

1. 因为是脱水反应，不宜用水溶液，甲醇作为溶剂也应尽量无水。
2. 用碘代烷，反应比较容易进行。不宜用氯代烷或溴代烷。
3. 控制加入碘乙烷的速度，不宜过快。
4. 本实验不能用明火加热。

六、思考题

1. 是否可以用乙醇和 β-碘代萘制备 β-萘乙醚？
2. β-萘乙醚粗产品中可能会含有哪些杂质？

实验32 苯乙酮的制备

一、实验目的

1. 学习傅-克酰基化反应制备芳香酮的原理和方法。
2. 学习无水操作的操作方法和各种仪器的使用。
3. 掌握电动搅拌器的使用。

二、实验原理

制备芳香酮最主要的方法是傅-克酰基化反应，常简称为傅氏反应。常用的酰化剂是酰氯和酸酐。本实验用乙酸酐和苯在无水氯化铝的催化下进行苯的乙酰化反应，得到苯乙酮。

$$\text{（苯）} + \begin{matrix} H_3CC=O \\ H_3CC=O \end{matrix}\text{（乙酸酐）} \xrightarrow{\text{无水AlCl}_3} \text{（苯）}-CCH_3 + CH_3COOH$$

三、主要仪器和药品

1. 仪器

250mL 三口烧瓶、球形冷凝管、滴液漏斗、干燥管、分液漏斗、水浴锅、加热套、蒸流装置、电动搅拌装置、托盘天平、量筒。

2. 药品

无水氯化铝、无水纯苯、乙酸酐、乙醚、浓盐酸、5%的氢氧化钠、无水硫酸镁。

四、实验内容

在 250mL 三口烧瓶上分别装上电动搅拌装置、滴液漏斗和球形冷凝管，冷凝管上端分别与一个氯化钙干燥管和一个气体吸收装置相连，使反应中产生的氯化氢气体被水吸收。

取下滴液漏斗，迅速加入无水氯化铝 10g 和无水纯苯 15mL，尽快装好滴液漏斗，将乙酸酐 4.0mL 和 5mL 无水纯苯混合液加入滴液漏斗中，在搅拌下滴入混合液，注意控制滴加速度，必要时用冷水冷却反应瓶，勿使反应物剧烈沸腾。滴加时间约 20min。

加完料，待反应程度趋缓，温和加热反应瓶，同时搅拌。直至不再有氯化氢气体逸出为止。停止加热，将三口烧瓶浸入冷水浴中，在搅拌下缓缓滴入 25mL 浓盐酸和 25mL 冰水的混合液。充分搅拌后，若还有沉淀存在，加适量浓盐酸使之溶解。分取上层，下层用乙醚萃取两次，每次约 10mL。萃取液与上层液合并后，依次用 5%的氢氧化钠 10mL，水 10mL 洗涤、分液，再用 2.5g 无水硫酸镁干燥苯层。

将干燥后得出产物先在电热套上蒸出苯层。当温度升到 140℃时，停止加热，稍冷，改用空气冷凝管。收集 198～202℃的馏分，产量 2～3g。

苯乙酮为无色油状液体，沸点为 202℃，折射率 1.5372。

五、注意事项

1. 本实验所用的仪器药品都应充分干燥。

2. 本实验所用的无水氯化铝外形呈小颗粒或粉状，暴露于空气中立刻冒烟，滴少许水于其上则嘶嘶作响。称量和投加氯化铝时，操作应迅速，取用氯化铝后，应立即将原试剂瓶盖盖好。

3. 所用乙酸酐必须在临用前重新蒸馏，取 137～140℃的馏分使用。

4. 水解苯乙酮和氯化铝络合物时，会有氯化氢气体产生并伴随放热，因此这一步操作要缓慢，最好在通风橱内进行。

附微量实验

在 25mL 干燥三口烧瓶中，快速加入 6.0g 无水 AlCl$_3$ 和 8.0mL 无水苯，并立即装上球形冷凝管及滴液漏斗，另一口插上温度计或用磨口塞塞住。在球形冷凝管上口接一氯化钙干燥管，干燥管与氯化氢吸收装置相连接。从滴液漏斗慢慢滴入 2mL 乙酸酐，开始少加几滴，待反应发生后再继续滴加，并不时振摇混合物。切勿使反应过于激烈，滴加速度以三口瓶稍热为宜（约 10～15min）。

在水浴上加热回流，至反应体系不再有氯化氢气体产生为止。待反应液冷却后，倒入装有 12mL 浓盐酸和 12g 碎冰的烧杯中冰解（在通风橱中进行）。当固体完全溶解后，倒入分液漏斗中，分出有机相和水相，水相用 5mL 石油醚分两次萃取，萃取液与有机相合并。依次用 5mL 5％NaOH 水溶液和 5mL 水各洗一次至中性。有机层用无水硫酸镁干燥。

干燥后的粗产物在水浴上蒸出石油醚和苯后，改用空气冷凝管蒸馏。收集 198～202℃馏分，得产品 1～1.2g。

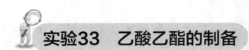

实验33　乙酸乙酯的制备

一、实验目的

1. 学习乙酸乙酯的制备原理及操作方法。
2. 学习液态有机酸的蒸馏、洗涤、干燥等基本操作。

二、实验原理

乙酸乙酯是由乙酸和乙醇在浓硫酸催化下经酯化而得到。反应式如下：

$$CH_3COOH+CH_3CH_2OH \underset{120℃}{\overset{浓\ H_2SO_4}{\rightleftharpoons}} CH_3COOCH_2CH_3+H_2O$$

酯化反应是可逆的，反应达到平衡后，酯的生成量就不再增加。为了提高酯的生成量，必须破坏平衡使反应向生成酯的方向进行。本实验采用过量的乙醇、浓硫酸吸去生成的水以及不断地把生成的酯和水蒸出的方法来提高酯的产率。反应时还需控制好温度，如果温度过高，将有乙醚等副产物生成。

副反应：

$$2CH_3CH_2OH \xrightarrow[140℃]{浓\ H_2SO_4} CH_3CH_2OCH_2CH_3+H_2O$$

粗产品中含有少量乙酸、乙醇、乙醚等杂质，可通过精制操作除去。

三、主要仪器和药品

1. 仪器

250mL 三口烧瓶、150mL 滴液漏斗、150mL 分液漏斗、200℃温度计、直形冷凝管、50mL 圆底烧瓶、蒸馏头、接液管、温度计套管、电热套、长颈漏斗、托盘天平、量筒。

2. 药品

95％乙醇、乙酸、浓硫酸、饱和碳酸钠溶液、饱和食盐水、饱和氯化钙溶液、无水硫酸钠、沸石、蓝色石蕊试纸。

四、实验内容

1. 粗产品的制备

在干燥的 250mL 三口烧瓶中加入 25mL95％乙醇，在冷水冷却条件下，边摇边慢慢加入

25mL 浓硫酸，加入几粒沸石；按图 4-2 装置仪器，三口烧瓶的瓶口分别配上 200℃温度计和滴液漏斗，在滴液漏斗中，加入 25mL95％乙醇和 25mL 乙酸，摇匀。滴液漏斗的末端和温度计的末端必须浸到液面以下，距瓶底 0.5～1cm 处。若漏斗不够长，则应接一根带有向上弯头的玻璃管。在剩下的瓶口上安装冷凝管，尾端的接引管伸入 50mL 的圆底烧瓶中。打开冷凝水，用电热套加热烧瓶，当温度升到 110℃时，从滴液漏斗中慢慢滴加乙醇和乙酸混合液，调节滴加的速度（约 30 滴·min^{-1}），使其与蒸出酯的速度大致相等，并始终维持反应液温度在 120℃左右。滴加完毕，继续加热几分钟，直到反应液温度升到 130℃不再有馏出液为止。

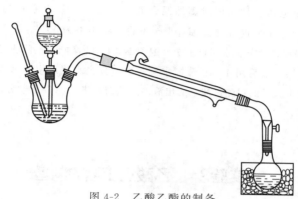

图 4-2　乙酸乙酯的制备

2. 粗产品的精制

（1）除乙酸

向馏出液中慢慢加入 10mL 饱和碳酸钠溶液，轻轻摇动锥形瓶，直到无 CO_2 气体逸出并用蓝色石蕊试纸检验酯层不显酸性为止。

（2）除水

将混合液移入分液漏斗，充分摇匀（注意放气）静置分层，弃去下层水溶液。

（3）除碳酸钠

酯层用 10mL 饱和食盐水洗涤一次，静置，放出下层。

（4）除乙醇

再每次用 10mL 饱和氯化钙溶液洗涤酯层两次，弃去下层废液。从分液漏斗上口将乙酸乙酯倒入干燥的 50mL 带塞的锥形瓶中，加入 2～3g 无水硫酸钠，放置 30min，在此期间要间歇振荡锥形瓶。

（5）除乙醚

酯层清亮后（约 30min），用折叠纸在长颈漏斗上过滤到干燥的圆底烧瓶中，加入几粒沸石进行蒸馏，收集 73～78℃馏分，称重，计算产率。

五、注意事项

1. 控制滴加速度，以每滴 2s 为宜。

2. 控制加热温度不宜过高，刚要沸腾时，关闭电源，让其缓慢升温。否则副产物较多。

3. 乙酸乙酯要充分干燥后在进行蒸馏。

4. 完全分层后再分液。

5. 加入饱和氯化钙和饱和食盐水的顺序不能错。

六、思考题

1. 酯化反应有何特点？如何创造条件使反应向生成物方向进行？
2. 饱和氯化钙和饱和食盐水的作用是什么？
3. 本实验中硫酸的作用是什么？

附绿色化实验

在 100mL 三口烧瓶中加入 7.2mL 无水乙醇，1.5g $FeCl_3 \cdot 6H_2O$，在恒压滴液漏斗中加入 7.2mL 无水乙醇和 7.2mL 冰乙酸，用电热套加热同时滴加混合液体，控制反应温度在 $80 \sim 90℃$，保持回流反应45min，改为蒸馏装置在 $80 \sim 90℃$ 时加热蒸馏，直至不再有馏出液为止，得粗产品，粗品经碱洗（饱和 Na_2CO_3）中和，使溶液呈中性，分去水层，水洗（饱和 NaCl）洗涤酯层，除去乙醇，用饱和 $CaCl_2$ 溶液分两次洗涤酯层，分去水层，最后用 10mL 蒸馏水洗一次，分去水层，用无水 Na_2SO_4 干燥，得粗酯约8.8g，产率约81.5%。将干燥后的粗酯过滤，滤出液加热蒸馏收集 $73 \sim 78℃$ 馏分，得无色透明具有芳香气味的产物，产量约为 8.5g，产率 78.7%。

实验34　乙酸正丁酯的制备

一、实验目的

1. 学习认识酯化反应原理，掌握乙酸正丁酯的制备方法。
2. 掌握共沸蒸馏分水法的原理和分水器（油水分离器）的使用，掌握回流和蒸馏操作。
3. 掌握洗涤和萃取操作。

二、实验原理

制备酯类最常用的方法是由羧酸和醇直接酯化反应。如下：合成乙酸正丁酯的反应方程式：

$$CH_3COOH + CH_3CH_2CH_2CH_2OH \underset{}{\overset{浓 H_2SO_4}{\rightleftharpoons}} CH_3COOCH_2CH_2CH_2CH_3 + H_2O$$

酯化反应是一个可逆反应，而且在室温下反应速率很慢。加热或加入催化剂（本实验用硫酸作催化剂）可使酯化反应速率大大加快。同时为了使平衡向生成物方向移动，可以采用增加反应物冰醋酸的量和减少生成物水的方法，使酯化反应趋于完全。

为了将反应物中生成的水除去，利用酯、酸和水形成二元或三元恒沸物，采用共沸蒸馏分水法，使生成的酯和水以共沸物形式逸出，冷凝后通过分水器分出水层，油层则回到反应器中。

三、主要仪器和药品

1. 仪器

100mL 圆底烧瓶、球形冷凝管、直形冷凝管、25mL 蒸馏烧瓶、100mL 分液漏斗、100mL 烧杯、量筒、锥形瓶、滴管、温度计。

2. 药品

正丁醇、冰醋酸、浓硫酸、10％碳酸钠溶液、无水硫酸镁、沸石。

四、实验内容

1. 乙酸正丁酯粗品的制备

将 10mL 正丁醇和 12mL 冰醋酸放入 100mL 的圆底烧瓶中，混合均匀。小心加入 1mL 浓硫酸，充分振摇，加几颗沸石，装上球形冷凝管，在石棉网上加热回流 1.5h 左右。

2. 乙酸正丁酯的精制

待反应混合物冷却后，将其倒入装有 50mL 蒸馏水的分液漏斗中，分出上层粗酯。用 10mL 10％碳酸钠溶液洗涤一次（至溶液显碱性），再用 10mL 水洗涤一次。酯层用无水硫酸镁（或无水硫酸钠）干燥。干燥液滤入 25mL 的蒸馏烧瓶中，石棉网上加热蒸馏，收集 124～125℃的馏分，产量约 7.5g，产率 65％。

乙酸正丁酯的沸点文献值为 125～126℃。

五、注意事项

1. 控制回流速度和温度，回流太温和，回流温度偏低，导致反应不完全，保证回流速度约为 100 滴・min^{-1}。

2. 本实验干燥剂可选用无水硫酸镁、硫酸钠等，不可用无水氯化钙，因为它能与产品形成配合物。

3. 本实验得到的是无色透明液体，而有些同学会得到浑浊的液体，或蒸馏时前几滴是浑浊的，这是仪器不干燥或酯未彻底干燥引起的。

六、思考题

1. 粗产品中含有哪些杂质？如何将它们除去？
2. 何为酯化作用？有哪些物质可以作为酯化催化剂？

实验35　己二酸的制备

一、实验目的

1. 了解用环己醇氧化制备己二酸的基本原理和方法。
2. 掌握电动搅拌器的使用方法及浓缩、过滤、重结晶等基本操作。

二、实验原理

己二酸是合成尼龙-66 的主要原料之一，常用高锰酸钾在碱性条件下氧化环己醇制得。

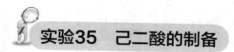

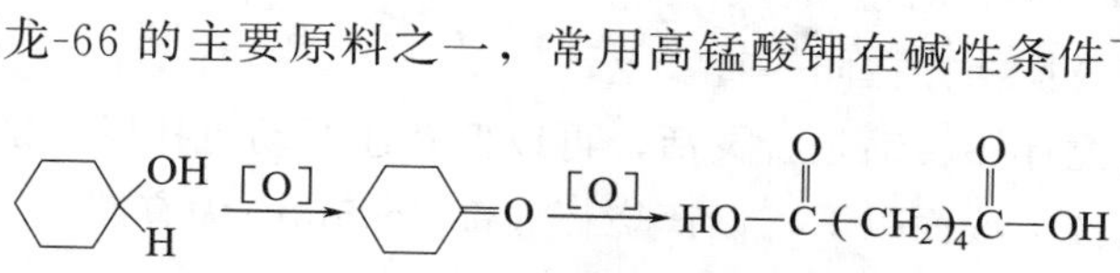

环己醇　　　环己酮　　　己二酸

$$3 \text{\large\char"25CB}\text{—OH} + 8KMnO_4 + H_2O \longrightarrow 3HO_2C(CH_2)_4CO_2H + 8MnO_2\downarrow + 8KOH$$

三、主要仪器和药品

1. 仪器

烧杯（250mL、800mL 各 1 个）、温度计、吸滤瓶、布氏漏斗、搅拌装置。

2. 试剂

环己醇、高锰酸钾、10％氢氧化钠溶液、浓盐酸、固体亚硫酸氢钠、活性炭、蒸馏水。

四、实验内容

在装有搅拌装置、温度计的 200mL 烧杯中加入 3mL10％氢氧化钠溶液，边搅拌边加入 5.6g（0.035mol）高锰酸钾。待高锰酸钾溶解后，用滴管缓慢滴加 1.4mL（约 1.3g，0.013mol）环己醇，反应随即开始。控制滴加速度，使反应温度维持在 45℃左右。滴加完毕，反应温度开始下降时，在沸水浴上加热 3～5min，促使反应完全，可观察到有大量二氧化锰的沉淀凝结。

用玻璃棒蘸一滴反应混合物点到滤纸上做点滴实验。如有高锰酸盐存在，则在棕色二氧化锰点的周围出现紫色的环，可加入少量固体亚硫酸氢钠直到点滴试验呈阴性为止。趁热抽滤混合物，用少量热水洗涤滤渣 3 次，将洗涤液与滤液合并置于烧杯中，加少量活性炭脱色，趁热抽滤。将滤液转移至干净烧杯中，并在石棉网上加热浓缩至 8mL 左右，经放置、冷却、结晶、抽滤和干燥，得己二酸白色晶体 1.2～1.5g，熔点 151～152℃。

五、操作要点

1. KMnO$_4$ 要研细，以利于 KMnO$_4$ 充分反应。

2. 环己醇要逐滴加入，滴加速度不宜太快，否则，因反应强烈放热，使温度急剧升高而难以控制。

3. 严格控制反应温度，稳定在 43～49℃之间。

4. 反应终点的判断：

（1）反应温度降至 43℃以下。

（2）用玻璃棒蘸一滴混合物点在平铺的滤纸上，若无紫色存在，表明已没有 KMnO$_4$。

5. 用热水洗涤 MnO$_2$ 滤饼时，每次加水量约 5～10mL，不可太多。

6. 用浓盐酸酸化时，要慢慢滴加，酸化至 pH＝1～3。

7. 浓缩蒸发时，加热不要过猛，以防液体外溅。浓缩至 10mL 左右后停止加热，让其自然冷却、结晶。

8. 在安装电动搅拌装置时应做到：

（1）搅拌器的轴与搅拌棒在同一直线上。

（2）先用手试验搅拌棒转动是否灵活，再以低转速开动搅拌器，试验运转情况。

（3）搅拌棒下端位于液面以下，以离烧杯底部 3～5mm 为宜。

（4）温度计应与搅拌棒平行且伸入液面以下。

六、注意事项

1. 温度必须控制在规定的范围内，防止氧化反应过于剧烈。
2. 酸化过程要充分，使己二酸完全析出。
3. 投料也可选用以下量：高锰酸钾 9.6g，滴加 2.4g 环己醇。

实验36　苯甲酸的制备

一、实验目的

1. 掌握由甲苯氧化制备苯甲酸的原理和方法。
2. 掌握加热回流和抽气过滤的操作。

二、实验原理

苯甲酸的制备可由甲苯氧化或格氏试剂与二氧化碳反应等方法制得。本实验采用甲苯氧化法。

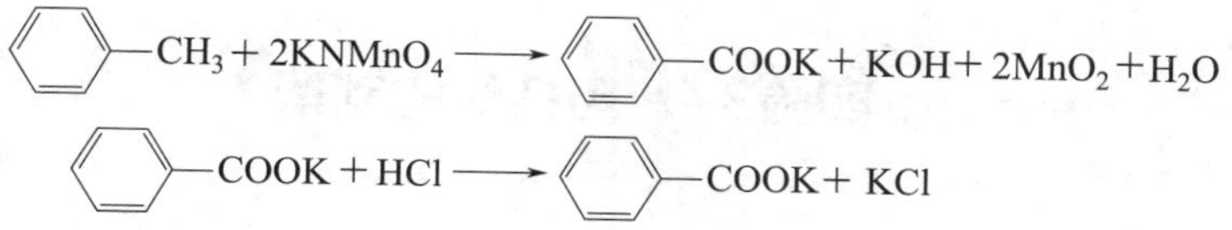

$$\text{〇—CH}_3 + 2KNMnO_4 \longrightarrow \text{〇—COOK} + KOH + 2MnO_2 + H_2O$$

$$\text{〇—COOK} + HCl \longrightarrow \text{〇—COOK} + KCl$$

三、主要仪器和药品

1. 仪器

250mL 圆底烧瓶、球形冷凝管、减压过滤装置、显微熔点仪、刚果红试纸、托盘天平、量筒。

2. 药品

甲苯、高锰酸钾、浓盐酸、亚硫酸氢钠。

四、实验内容

在 250mL 圆底烧瓶中放入 3mL 甲苯和 40mL 水，瓶口装球形冷凝管，在石棉网上加热至沸腾。从冷凝管上口分批加入 9g 高锰酸钾，待反应平缓后再加下一次；黏附在冷凝管内壁的高锰酸钾最后用 25mL 水冲洗入瓶内。继续煮沸并间歇摇动烧瓶，直到甲苯层几乎近于消失，回流液不再出现油珠（约需 4～5h）为止。

将反应混合物趁热减压过滤，用少量热水洗涤滤渣二氧化锰。合并滤液和洗涤液，放在冰水浴中冷却，然后用浓盐酸酸化（用刚果红试纸试验），至苯甲酸全部析出为止。

将析出的苯甲酸减压过滤，用少量冷水洗涤，挤压去水分。把制得的苯甲酸放在沸水浴干燥。产量约 1.7g。

纯苯甲酸为无色针状晶体，熔点 122.4℃。

五、注意事项

1. 每次加料不宜太多，否则反应将异常剧烈。
2. 滤液如果呈紫色，可加入少量亚硫酸氢钠使紫色褪去，重新减压过滤。
3. 苯甲酸在 100g 水中的溶解度为：4℃，0.18g；18℃，0.27g；75℃，2.2g。

六、思考题

1. 在氧化反应中，影响苯甲酸产量的主要因素是哪些？
2. 反应完毕后，如果滤液呈紫色，为什么要加亚硫酸氢钠？
3. 精制苯甲酸还有什么方法？
4. 在氧化反应中，影响苯甲酸产量的主要因素是哪些？

附绿色化实验

在 50mL 圆底烧瓶中放入 2.2g 苯甲醇、1.0g 氢氧化钠和 0.3g $CuCl_2 \cdot H_2O$，装上空气回流冷凝器后，在电磁搅拌器上油浴加热至苯甲醇回流。当圆底烧瓶中的固体不断增加，苯甲醇基本消失后停止加热。冷却至接近室温，加入 25mL 水并加热回流 10min。用布氏漏斗过滤，再用 5mL 水洗涤，然后回收铜催化剂。滤液用浓盐酸酸化至 pH≤2，有大量白色固体析出，放置 15min 后用布氏漏斗抽滤。将白色粉末状固体在空气中晾干，得到苯甲酸。

实验37 肉桂酸的制备

一、实验目的

1. 了解 Perkin 反应的原理和实验操作。
2. 掌握水蒸气蒸馏原理和基本操作。
3. 巩固重结晶、过滤等纯化有机固体化合物的方法。

二、实验原理

在碱性催化剂作用下，芳香醛和酸酐会发生缩合反应，生成 α,β-不饱和芳香酸，此反应称作珀金反应（Perkin Reaction）。在珀金反应中，碳负离子产生于酸酐，因而所用的碱性催化剂必须以不与酸酐发生反应为前提，通常采用的碱是与酸酐结构相应的羧酸钠盐或钾盐或者采用叔胺。本实验用苯甲醛、乙酐和无水乙酸钾反应制备肉桂酸。反应式为：

三、主要仪器和药品

1. 仪器
250mL 圆底烧瓶、球形冷凝管、布氏漏斗、托盘天平、量筒。

2. 药品
苯甲醛，乙酸酐，无水碳酸钾，10%氢氧化钠溶液，1：1（浓盐酸与水的体积比）盐酸，刚果红试纸、活性炭。

四、实验步骤

在250mL圆底烧瓶中，加入2.5mL新蒸馏过的苯甲醛、7mL乙酸酐和3.5g无水碳酸钾。在170～180℃的油浴中，将此混合物回流45min。由于逸出二氧化碳，最初有泡沫出现。

冷却反应混合物，加入20mL水，浸泡几分钟，用玻璃棒轻轻压碎瓶中的固体，并用水蒸气蒸馏，从混合物中蒸除去未反应的苯甲醛（可能有些焦油状聚合物）。再将烧瓶冷却，加入20mL 10%氢氧化钠水溶液，使所有的肉桂酸形成钠盐而溶解。加45mL水，将混合物加热，活性炭脱色，趁热过滤，将滤液冷至室温以下。配制浓盐酸和水1:1的混合液，边搅拌边将混合液加到肉桂酸盐溶液中至溶液呈酸性（pH约为5）。用冷水冷却，待结晶完全，过滤，干燥并称重。粗产品可用热水重结晶，测其熔点。

肉桂酸的熔点文献值为135～136℃。

五、注意事项

1. 要用新蒸馏过的苯甲醛。
2. 控制好油浴温度，防止二氧化碳溢出过快。

六、思考题

1. 在制备中，回流完毕后，加入固体碳酸钠，使溶液呈碱性，此时溶液中有几种化合物，各以什么形式存在？写出它们的分子式。
2. 苯甲醛和丙酸酐在无水碳酸钾的存在下，相互作用后得到什么产品？

附微量法

用移液管分别量取1mL新蒸馏过的苯甲醛和2mL新蒸馏过的乙酸酐至10mL圆底烧瓶中，并加入1g研碎的无水碳酸钾，在140～180℃的油浴中回流20min（也可将烧瓶置于微波炉中，装上回流装置，在微波输出功率为450W下辐射8min）。

反应结束，冷却反应物，将反应物倒入装有10mL水的25mL烧杯中，用碳酸钠中和至溶液呈碱性，然后加入少量活性炭，趁热过滤，用浓盐酸酸化至使刚果红试纸变蓝，冷却。待晶体全部析出后抽滤，并以少量冷水洗涤沉淀，抽干后，粗产品在80℃烘箱中烘干。产量约0.4g。粗产品可用体积比为3:1的水-乙醇溶液重结晶。产品熔点文献值为135～136℃。

实验38 乙酰水杨酸的制备

一、目的要求

1. 掌握乙酰水杨酸的制备原理。
2. 练习混合溶剂进行重结晶的方法。

二、实验原理

乙酰水杨酸又称阿司匹林（Aspirin），是一种常用的解热镇痛药。乙酰水杨酸常用的制备方法是用少量的浓硫酸或磷酸作催化剂，将水杨酸与乙酐作用，使水杨酸分子中羧基上的氢原子被乙酰基取代，生成乙酰水杨酸。反应式如下：

除乙酐外，还可以用乙酰氯作为酰化剂制备乙酰水杨酸。

三、主要仪器和药品

1. 仪器

50mL 锥形瓶、抽滤瓶、布氏漏斗、表面皿、托盘天平、量筒。

2. 药品

水杨酸、乙酸酐、浓硫酸、乙醚、石油醚、乙醇、0.1% $FeCl_3$。

四、实验内容

在一干燥的 50mL 锥形瓶中，加入 6.3g 水杨酸和 9mL 乙酸酐，摇匀。再滴加浓硫酸 10 滴，摇匀置于 70～80℃ 水浴中加热并不断振摇 20min。取出锥形瓶，稍微冷却后，用 100mL 冷水，先加 2～3mL 分解过量乙酸酐，在剧烈搅拌下慢慢将全部水加入锥形瓶，静置在冷水浴中冷却结晶，冷却 15min。减压过滤，取少量水冲洗锥形瓶并转移到布氏漏斗上，抽干压紧固体，烘干得阿司匹林粗品，称重约 7.5g。

关闭实验室一切热源后，取以上烘干的粗产品 1g，放在 50mL 锥形瓶中，加入少量的乙醚（约 10mL），温水浴加热并搅拌使固体溶解，再加入约 12mL 石油醚，塞紧塞子后静置在冰水浴中冷却，阿司匹林渐渐析出，抽滤晾干后得到阿司匹林精制品，熔点 135～136℃。

分别取少量水杨酸、乙酰水杨酸粗品和精制品，加入 10 滴乙醇、2 滴 0.1% $FeCl_3$ 水溶液，观察并比较颜色。

五、注意事项

1. 此反应开始时，仪器应经过干燥处理，药品也要事先经过干燥处理。乙酐应当是新蒸的，收集的 139～140℃ 馏分。

2. 粗产品也可用乙醇-水或苯和石油醚（30～60℃）或苯和汽油（40～60℃）的混合溶剂进行重结晶。其溶液不易加热过久，因为这样乙酰水杨酸将部分分解。

3. 乙酰水杨酸受热易分解，熔点不明显，分解温度是 128～135℃，熔点 136℃。在测定熔点时，可以先将载体加热到 120℃ 左右，再放入样品进行测定。

六、思考题

1. 在硫酸存在下，水杨酸与乙醇作用将会得到什么产物？写出反应方程式？

2. 通过什么简便方法可以鉴定出阿司匹林是否变质？

附微型化实验

取 1.0g 水杨酸放入到 30mL 锥形瓶中，加 3mL 乙酸酐和 3 滴浓硫酸，缓缓摇动直至水杨酸溶解。放到蒸汽浴上缓和加热 5～10min。冷却，应有晶体析出，如果不析出晶体，用玻璃棒摩擦瓶壁，并置于冰水浴中稍加冷却至开始析出晶体。加水 20mL，并将混合物放入冰水浴中冷却，真空过滤，冷却洗涤。将粗产物移入 100mL 烧瓶中，加入 13mL 饱和碳酸氢钠溶液并不断搅拌至无气泡产生为止。用布氏漏斗过滤。在滤液中加入 2mL 浓盐酸和 5mL 水的混合溶液，将混合物放入冰水浴中冷却，抽滤，洗涤，干燥。如果不够纯还可以用苯作溶液进行重结晶。

实验39　乙酰苯胺的制备

一、实验目的

1. 学习认识合成乙酰苯胺的原理和实验操作。
2. 巩固分馏和重结晶的操作技术。

二、实验原理

胺的酰化在有机合成中有着重要的作用。作为一种保护措施，一级和二级芳胺在合成中通常被转化为它们的乙酰基衍生物以降低胺对氧化降解的敏感性，使其不被反应试剂破坏。

芳胺可用酰氯、酸酐或与冰醋酸加热来进行酰化。酰化反应速率为酰氯最快，酸酐次之，冰醋酸最慢。实验室常用冰醋酸来做酰化试剂的主要原因是操作方便，价格便宜。但反应较慢，用时较长。其反应如下：

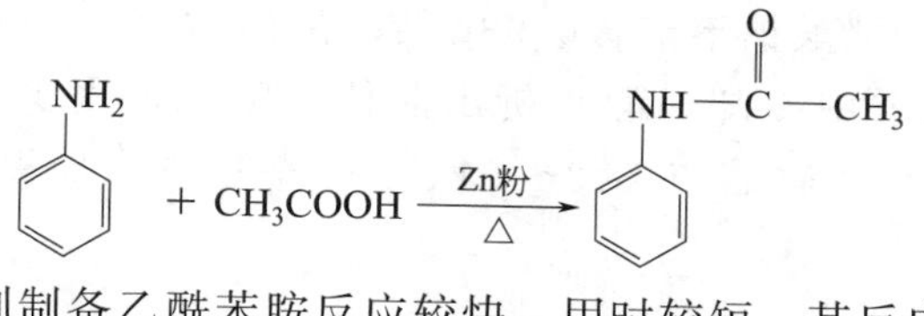

用醋酸酐为酰化试剂制备乙酰苯胺反应较快，用时较短。其反应如下：

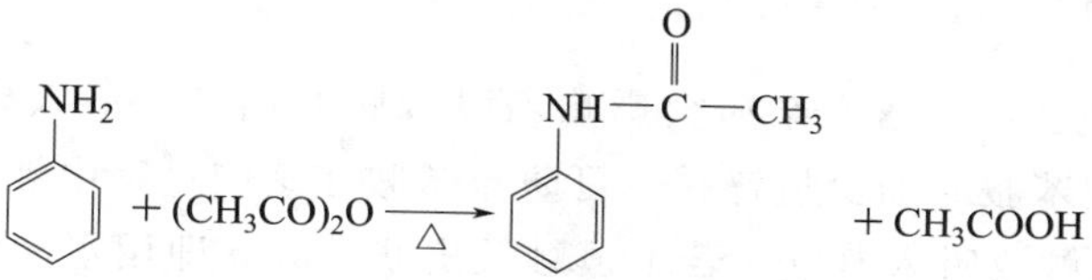

三、主要仪器和药品

1. 仪器

50mL 圆底烧瓶、50mL 锥形瓶、烧杯、韦氏分馏柱、150℃温度计、直形冷凝管、接液管、250mL 吸滤瓶、布氏漏斗、热水漏斗、蒸馏头、托盘天平、表面皿、量筒。

2. 药品

苯胺（新蒸馏）、冰醋酸、醋酸酐、锌粉、活性炭、结晶醋酸钠、浓盐酸。

四、实验内容

1. 用醋酸为酰化试剂（方法一）

（1）乙酰苯胺粗品的制备

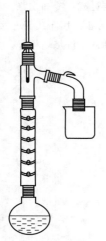

图 4-3　乙酰苯胺的制备

在 50mL 的圆底烧瓶中，放入 10mL 新蒸苯胺，加入 15mL 冰醋酸，加入少量锌粉（约 0.1g），装上韦氏分馏柱，顶端插上蒸馏头和温度计，蒸馏头支管和接液管相连，接液管下端伸入烧杯（或锥形瓶）中，以收集蒸出的水和乙酸，见图 4-3。

圆底烧瓶用小火加热，保持微沸 15min，然后逐渐升高温度，当温度计读数达到 100℃ 左右时，即有液体流出，维持温度100～110℃ 之间约 1.5h。当反应生成的水被蒸出后，温度计的读数开始下降，表示反应已经完成。停止加热，在搅拌下趁热将反应物倒入盛有 100mL 冷水的烧杯中。冷却后抽滤，用少量冷水洗涤粗产品。

（2）对粗品进行重结晶

将粗产品全部移入盛有 150mL 热水烧杯中，加热至沸，使之全部溶解。若有颜色可加少量活性炭进行脱色，趁热将饱和溶液用热水漏斗过滤，冷却结晶，抽滤，洗涤。将产品放在表面皿中晾干，称量约为 9～10g，产物熔点 113～114℃。纯乙酰苯胺的熔点为 114.3℃。

2. 醋酸酐为酰化试剂（方法二）

在 50mL 烧杯中，加入 1mL 浓盐酸和 12mL 水，边搅拌边加入 1mL 苯胺。待苯胺溶解后，再加入少量活性炭（约 0.1g），将溶液煮沸 5min，趁热滤掉活性炭和其他不溶物质。将滤液转移到 50mL 锥形瓶中，冷却到 50℃，加入 1.5mL 醋酸酐，振摇使其溶解后，立即加入预先配好的醋酸钠溶液（0.98g 结晶醋酸钠溶于 2mL 水），充分振摇混合，然后将混合物置于冷水浴中冷却，静止析出晶体。吸滤，用少量冷水洗涤，干燥后称重，产量约 0.7～1.3g，产物熔点 113～114℃，若需进一步提纯则用水进行重结晶，约 2～3h。

五、注意事项

1. 苯胺久置颜色变深，含有杂质会影响乙酰苯胺的制备。所以要用新蒸馏的无色或浅黄色的苯胺。蒸馏苯胺时加少量锌粉，可防止苯胺在蒸馏过程中被氧化。苯胺有毒，操作时应避免与皮肤接触或吸入蒸气。若不慎触及皮肤，应立即用水冲洗，再用肥皂及温水洗涤。

2. 加入锌粉的目的是防止苯胺反应过程中被氧化，但不宜多加，否则处理过程中易产生不溶于水的氢氧化锌。

3. 因反应物冷却后易产生结晶，粘在烧瓶壁上不易处理，所以要趁热倒出，放入冷水中既可冷却使结晶析出，又可除去未反应的乙酸及苯胺（苯胺与乙酸生成苯胺乙酸盐而溶于水中）。

4. 方法二药品用量少，最好用微量分馏管代替韦氏分馏柱。

六、思考题

1. 本实验采取了什么措施来提高乙酰苯胺的产率？
2. 为什么反应时要控制分馏柱顶温度在 $100\sim110℃$ 之间，若高于此温度有什么不好？
3. 根据理论计算，反应产生多少毫升水？为什么收集的液体要比理论量多？
4. 用醋酸酐进行乙酰化时，加入的盐酸和醋酸钠的目的是什么？

附微型化实验

在 10mL 圆底烧瓶中，加入 2mL 苯胺、3mL 冰醋酸及少许锌粉（约 0.02g），装上一短的刺形分馏柱，其上端装一温度计，支管通过支管接引管与接收瓶相连，接收瓶外部用冷水浴冷却。将圆底烧瓶在石棉网上用小火加热，使反应物保持微沸约 15min。然后逐渐升高温度，当温度计读数达到 100℃ 左右时，支管即有液体流出。维持温度在 $100\sim110℃$ 之间反应约 1h，生成的水及大部分醋酸已被蒸出，此时温度计读数下降，表示反应已经完成。在搅拌下趁热将反应物倒入 20mL 水中，冷却后抽滤析出的固体，用冷水洗涤。粗产物用水重结晶，产量 $0.6\sim0.9g$，熔点 $113\sim114℃$。纯的乙酰苯胺熔点为 114.3℃。

实验40 甲基红的制备

一、实验目的

1. 学习甲基红的制备方法，体会重氮盐反应的条件控制方法。
2. 进一步练习过滤、洗涤、重结晶等基本操作。

二、实验原理

甲基红是一种常见的偶氮类染料，通常采用偶氮化-偶合反应来制备，反应如下：

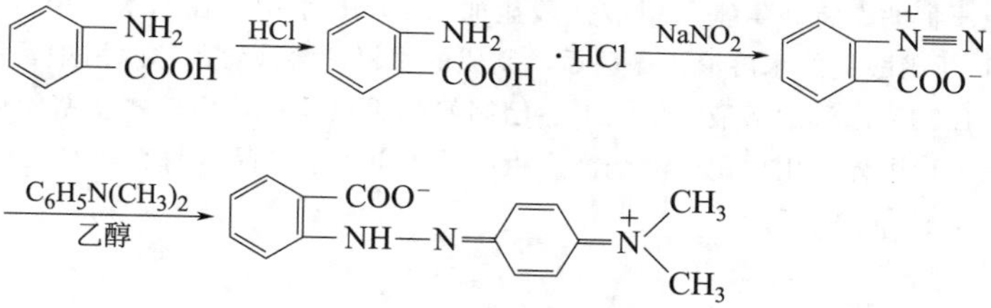

三、主要仪器和药品

1. 仪器

烧杯、吸滤瓶、布氏漏斗、锥形瓶、水浴锅、托盘天平、温度计、量筒。

2. 药品

邻氨基苯甲酸、N,N-二甲苯胺、1:1 盐酸、95% 乙醇、甲苯、甲醇、亚硝酸钠、稀氢氧化钠溶液、稀盐酸。

四、实验步骤

在 50mL 烧杯中，放入 3g 邻氨基苯甲酸及 12mL 1:1 的盐酸，加热溶解。冷却后析出白色针状邻氨基苯甲酸盐酸盐，抽滤，用少量冷水洗涤晶体，干燥后产量约 3.2g。

在 100mL 锥形瓶中，溶解 1.7g 邻氨基苯甲酸盐酸盐于 30mL 水中，在冰水浴中冷却至 5～10℃，倒入 1.2g 亚硝酸钠溶于 10mL 水的溶液，振荡后，制成的重氮盐溶液置于冰水浴中备用。

另将 1.3g N,N-二甲基苯胺溶于 12mL 95％乙醇的溶液，倒入上述已制好的重氮盐中，用软木塞塞紧瓶口，自冰水浴移出，用力振摇。放置后，析出甲基红粉红色沉淀，不久凝成一大块，极难过滤。可用水浴加热，再使其缓缓冷却。放置 2～3min 后，抽滤，得到红色无定形固体，用少量甲醇洗涤，干燥，粗产物（约 2g），用甲苯重结晶（每克产品约需 15～20mL），甲基红的熔点 181～182℃，产量 1.5g 左右。

取少量甲基红溶于水中，向其中加入几滴稀盐酸，观察变化。接着用稀氢氧化钠镕液中和，观察颜色。

纯甲基红的熔点为 183℃。

本实验约需 4～6h。

五、注意事项

1. 邻氨基苯甲酸盐酸盐在水中的溶解度较大，洗涤晶体时冷水用量要少。

2. 为得到较好的甲基红晶体，要缓慢冷却。

3. 冰水浴温度不能超过 10℃。

六、思考题

1. 何为偶合反应？反应条件是什么？

2. 解释甲基红在酸碱条件下的变色原因？

附微型化实验

在 30mL 烧杯中，放入 1.5g 邻氨基苯甲酸及 6mL 1：1 的盐酸，加热溶解。冷却后析出白色针状邻氨基苯甲酸盐酸盐，减压抽滤。将邻氨基苯甲酸盐酸盐加入 20mL 水中，在冰水浴中冷却至 5～10℃，缓慢将该溶液倒入 1.0mL 亚硝酸钠的水溶液，振荡后，制成的重氮盐溶液置于冰水浴中备用。将 1.5mL N,N-二甲基苯胺溶于 15mL 95％乙醇的溶液，倒入上述已制好的重氮盐中，用软木塞塞紧瓶口，用力振摇。减压抽滤，得到红色无定形固体，用少量甲醇洗涤。粗产品用甲苯重结晶（每克产品约需 15～20mL），甲基红的熔点 181～182℃，产量约 0.7g。

实验41　酒精块的制备和燃烧热的测量

一、实验目的

1. 通过实验了解有机化学与生活的关系。

2. 了解固体酒精的制备方法。

二、实验原理

硬脂酸常温下为固体，受热易熔化。当与酒精混溶并冷却到室温将凝固成膏状。酒精和硬脂酸均为有机物，易燃烧，生成二氧化碳和水。

三、主要仪器和药品

1. 仪器

250mL 三口烧瓶、2L 烧杯、水浴锅、石棉网、铁架台、托盘天平、温度计、蒸发皿。

2. 药品

硬脂酸、95％工业酒精、固体氢氧化钠、固体硝酸铜。

四、实验步骤

1. $0.1g \cdot mL^{-1}$氢氧化钠酒精溶液的配制

将 25g 氢氧化钠加入到 250mL 95％工业酒精中溶解，制得 1％的氢氧化钠酒精溶液，备用。

2. 固体酒精的制备

将 100mL 95％的工业酒精、5g 硬脂酸和 0.5g 硝酸铜加入到 250mL 三口烧瓶中，在水浴上加热至 60～70℃使硬脂酸溶解后，慢慢滴加 10mL 1％的氢氧化钠酒精溶液（20min 加完），使溶液保持微沸，然后放置，冷却到 50～60℃，将溶液倒入蒸发皿（或模具）中凝固。

3. 燃烧热的测量

用 2L 烧杯装 500mL 水，放到石棉网上用新制的固体酒精加热，记录烧开水所用的时间。

五、注意事项

1. 控制滴加 1％的氢氧化钠酒精溶液的速度，不宜过快。
2. 要趁热将固体酒精倒出。
3. 硝酸铜可以不用，也可以选用其他盐类，目的是使火焰的颜色好看。

六、思考题

1. 能否用其他物质替代硬脂酸？
2. 如何制成彩色的固体酒精？

第五章

天然物质中有效成分的提取技术

Chapter 05

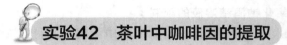

实验42　茶叶中咖啡因的提取

一、实验目的

1. 通过从茶叶中提取咖啡因，掌握一种从天然产物中提取纯有机物的方法。
2. 学会使用索氏提取器的原理和方法。
3. 学习萃取、蒸馏、升华等基本操作。

二、实验原理

咖啡因又称咖啡碱，具有刺激心脏、兴奋大脑神经和利尿等作用。主要作用于中枢神经。它也是复方阿司匹林（A. P. C）等药物的组分之一。化学名称是 1，3，7-三甲基黄嘌呤。结构式为：

$$\text{咖啡因}$$

茶叶中含有多种生物碱，其中咖啡因含量约 $1\% \sim 5\%$，丹宁酸（或称鞣酸）约占 $11\% \sim 12\%$，色素、纤维素、蛋白质等约占 0.6%。从茶叶中提取咖啡因，是用适当的溶剂（氯仿、乙醇、苯等）在索氏提取器中连续抽提，浓缩得粗咖啡因。粗咖啡因中还含有一些其他的生物碱和杂质，可利用升华进一步提纯。

咖啡因是弱碱性化合物，易溶于氯仿、水、热苯等。纯咖啡因熔点 $235 \sim 236℃$，含结晶水的咖啡因为无色针状晶体，在 $100℃$ 时失去结晶水，并开始升华，$120℃$ 时显著升华，$178℃$ 时迅速升华。利用这一性质可纯化咖啡因。

本实验以乙醇为溶剂，经提取、浓缩、中和、升华等步骤，得到含结晶水的咖啡因。

三、主要仪器与药品

1. 仪器

索氏提取器、250mL 烧瓶、蒸馏装置、滤纸（大张、圆形）、蒸发皿、漏斗、表面皿、玻璃棒、棉花、水浴锅、酒精灯、石棉网、托盘天平、温度计、量筒。

2. 药品

生石灰粉、干茶叶、95％乙醇、沸石。

四、实验步骤

1. 仪器装置

索氏提取器（Soxhlet）又称脂肪提取器，是由烧瓶、抽提筒、球形冷凝管三部分组成，装置如图 5-1 所示。

索氏提取器是利用溶液的回流及虹吸原理，使固体物质每次都被纯的热溶剂所萃取，减少了溶剂用量，缩短了提取时间，因而效率较高。萃取前，应先将固体物质研细，以增加溶剂浸溶的面积。然后将研细的固体物质装入滤纸筒内，再置于抽提筒中，烧瓶内盛溶剂，并与抽提筒相连，抽提筒上端接冷凝管。溶剂受热沸腾，其蒸气沿抽提筒侧管上升至冷凝管，冷凝为液体，滴入滤纸筒中，并浸泡筒中样品。当液面超过虹吸管最高处时，即虹吸流回烧瓶，从而萃取出溶于溶剂的部分物质。如此多次重复，把要提取的物质富集于烧瓶内。提取液经浓缩除去溶剂后，即得产物，必要时可用其他方法进一步纯化。

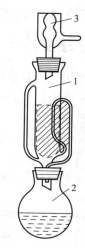

图 5-1　咖啡因的提取
1—索氏提取器；2—圆底烧瓶；
3—球形冷凝管

2. 咖啡因的提取

称取 10g 茶叶，研细后，用滤纸包好，放入索氏提取器的滤纸套筒中，在圆底烧瓶中加入 100mL 95％乙醇，两粒沸石，按图 5-1 装好仪器。用水浴加热，连续提取约 2h，至提取液为浅色后，停止加热。

稍冷，改成蒸馏装置，回收提取液中的大部分乙醇。趁热将圆底烧瓶中的初提液倾入蒸发皿中，拌入 3～4g 生石灰粉，搅拌均匀，使成糊状，在蒸汽浴上蒸干，其间应不断搅拌，并压碎块状物。冷却后，擦去沾在边上的粉末，以免在升华时污染产物。

将一张刺有许多小孔的圆形滤纸毛孔朝上盖在蒸发皿上，找一只口径合适的玻璃漏斗罩于其上［见第二章图 2-16(a)］，漏斗颈部疏松地塞一小团棉花。

用沙浴小心加热蒸发皿，慢慢升高温度，使咖啡因升华。控制沙浴温度在 220℃ 左右（此时纸微黄）。咖啡因通过滤纸孔遇到漏斗内壁凝为固体，附着于漏斗内壁和滤纸上。当滤纸上出现许多白毛状结晶时，停止加热，让其自然冷却至 100℃ 左右。小心取下漏斗（温度必须降到 100℃ 才可以拿下漏斗），揭开滤纸，用刮刀将纸上和器皿周围的咖啡因刮下。残渣若没炭化，经搅拌后用较大的火再加热片刻，进行二次升华，使升华完全。合并两次收集的咖啡因，称重并测定熔点。

纯粹咖啡因的熔点为 234.5℃。

五、注意事项

1. 提取结束后，改成蒸馏装置时，应注意圆底烧瓶中初提取液的量的多少，若过多，蒸发时费时间；若过少，将初提取液到入蒸发皿时损耗大。

2. 升华时，一定注意温度的控制，带孔的滤纸发黄时，即可熄火。

3. 升华温度到 220℃左右后，一定注意不要马上打开漏斗，否则生成的咖啡因气体没来得及冷却结晶，就扩散了。

六、思考题

1. 使用索氏提取器应注意什么？
2. 在升华操作过程中应注意些什么？

附微量法

在 50mL 烧杯中加入 1.5g 碳酸钠、10mL 水和 1g 茶叶，盖上表面皿，温热至微沸，维持 30min。趁热减压抽滤，并挤压茶叶，用 1mL 热水洗涤烧杯两次，滤液转移到分液漏斗中。

向滤液中加入 2mL 四氯化碳，盖上塞子，振摇几次，然后静置分层，分出四氯化碳萃取液，重复操作 3 次。

合并 3 次四氯化碳萃取液，通过装有无水硫酸钠的干燥柱，干燥后的四氯化碳萃取液收集在 10mL 圆底烧瓶中。再用 2mL 四氯化碳洗涤干燥柱，洗涤液并入圆底烧瓶中，加入 2 粒沸石，装上微型蒸馏头，蒸出并回收四氯化碳，直到蒸干为止。这时圆底烧瓶底部有白色残渣，即为粗制的咖啡因。

取下圆底烧瓶上的微型蒸馏头，换上真空冷管，接上冷凝水和抽气水泵减压。将圆底烧瓶放入热源上加热，热源温度 180～190℃时，咖啡因因升华凝结在真空冷管上。升华完毕后，小心地取下真空冷管，用刮铲刮下冷凝管上白色针状结晶即可。

实验43　从烟叶中提取烟碱

一、实验目的

1. 学习从烟叶中提取烟碱的基本原理和方法。
2. 掌握萃取、重结晶、抽滤等基本操作。

二、实验原理

烟碱又名尼古丁（nicotine），是烟草生物碱（nicotiana alkaloids）（包括 12 种以上单一成分）的主要成分，于 1928 年首次被分离出来。烟碱是由吡啶和四氢吡咯二个杂环构成的含氮碱。天然产烟碱为左旋体。结构式为：

烟碱

烟碱在商业上用作杀虫剂以及兽医药剂中寄生虫的驱除剂。烟碱剧毒，致死剂量为 40mg。

烟碱为无色或灰黄色油状液体，无臭，味极辛辣，一经日光照射即被分解，转变为棕色并有特殊的烟嗅。沸点 247℃，沸腾时部分分解。在 60℃ 以下与水结合成水合物，故可与水任意量混合。易溶于酒精、乙醚等许多有机溶剂。

烟碱与柠檬酸或苹果酸结合为盐类而存在于植物体中，在烟叶中约含 2％～3％。本实验以强碱溶液（5％NaOH）处理烟叶，使烟碱游离，再经氯仿萃取和衍生物制备进行精制。

三、主要仪器与药品

1. 仪器

烧杯、布氏漏斗、抽滤瓶、真空泵、分液漏斗、圆底烧瓶、锥形瓶、量筒、托盘天平、温度计、水浴锅、玻璃棉、短颈漏斗、玻璃砂芯漏斗、量筒。

2. 药品

干燥烟叶 2g、5％氢氧化钠溶液、氯仿、饱和苦味酸甲醇溶液、甲醇、沸石、50％（体积分数）乙醇-水。

四、实验内容

1. 碱处理

在 400mL 烧杯中加入 15g 干燥碎烟叶和 100mL 5％氢氧化钠溶液，搅拌浸泡 15min，然后用带尼龙滤布（或用脱脂棉）的布氏滤斗抽滤，并用干净的玻塞挤压烟叶以挤出碱提取液。接着用 20mL 水洗涤烟叶，再次抽滤挤压，将洗涤水合并至碱提取液中。

2. 氯仿萃取

将黑褐色滤液移入 250mL 分液漏斗中，用 25mL 氯仿萃取。萃取时应轻轻摇荡液体，勿振荡漏斗以免形成乳浊液导致分层困难。静置分层后，将下层（有机层）收集在锥形瓶中。再用 25mL 氯仿萃取上层水层，重复两次。

3. 除去氯仿

合并三次的萃取液，小心地倒入 250mL 的圆底烧瓶中，加入 2～3 粒沸石，按第一章图 1-17(c) 装好蒸馏装置，用水浴加热蒸馏，回收溶剂。当蒸馏液剩下 8～10mL 时，停止加热，取下烧瓶，将浓缩的氯仿萃取液转移到 50mL 烧杯中，用 2～3mL 氯仿洗涤烧瓶，一并倒入烧杯中，然后在通风橱中，把烧杯置于蒸气浴上蒸发至干，即得粗产品。

4. 重新溶解

残留物中加入 2mL 水和 4mL 甲醇，使残渣溶解，然后将溶液通过放有玻璃棉的短颈漏斗滤入 100mL 烧杯中，并用 1mL 甲醇刷洗烧瓶和玻璃棉，合并至烧杯中。

5. 制备衍生物

在搅拌下往烧杯中加入 10mL 饱和苦味酸的甲醇溶液，立即有浅黄色的二苦味酸烟碱沉淀析出。静置片刻，将产物收集并用玻璃砂芯漏斗过滤，干燥称重，测定熔点，并计算所提取的烟碱的产率。此操作所得二苦味酸烟碱熔点：217～220℃。

6. 重结晶

用刮刀将粗产物移入 10mL 锥形瓶中，加入 4mL 50％（体积分数）乙醇-水溶液，加热溶解，室温下静置冷却，析出亮黄色长形棱状结晶。抽滤、烘干、称重、测熔点。

纯二苦味酸烟碱的熔点为 222～223℃。

五、注意事项

1. 用 5％NaOH 浸泡过滤时，一定注意把所有的浸泡液全部转移到吸滤瓶中，以免造成浪费影响产率。

2. 使用分液漏斗分离时，注意氯仿有机层在下层。以往我们做实验时，有机层往往在上层，但因氯仿的密度为 $1.5g \cdot mL^{-1}$，所以操作此步时应注意。

六、思考题

1. 提取烟碱时为什么要加入稀氢氧化钠？

2. 用稀氢氧化钠浸泡后，过滤为什么不用滤纸，而用脱脂棉或尼龙滤布？

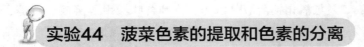

实验44 菠菜色素的提取和色素的分离

一、实验目的

1. 通过对绿色植物色素的提取和分离，了解天然物质分离提纯方法。

2. 通过薄层色谱分离操作，加深了解微量有机物色谱分离鉴定的原理。

二、实验原理

绿色植物如菠菜叶中含有叶绿素（绿）、胡萝卜素（橙）和叶黄素（黄）等多种天然色素。叶绿素存在两种结构相似的形式即叶绿素 $a(C_{55}H_{72}O_5N_4Mg)$ 和叶绿素 $b(C_{55}H_{70}O_6N_4Mg)$，其差别仅是 a 中一个甲基被 b 中的甲酰基所取代。它们都是吡咯衍生物与金属镁的络合物，是植物进行光合作用所必需的催化剂。植物中叶绿素 a 的含量通常是 b 的 3 倍。尽管叶绿素分子中含有一些极性基团，但大的烃基结构使它易溶于醚、石油醚等一些非极性的溶剂。

胡萝卜素（$C_{40}H_{56}$）是具有长链结构的共轭多烯。它有三种异构体，即 α-，β-和 γ-胡萝卜素，其中 β-异构体含量最多，也最重要。在生物体内，β-异构体受酶催化氧化即形成维生素 A。目前 β-胡萝卜素已可进行工业生产，可作为维生素 A 使用，也可作为食品工业中的色素。

叶黄素（$C_{40}H_{56}O_2$）是胡萝卜素的羟基衍生物，它在绿叶中的含量通常是胡萝卜素的两倍。与胡萝卜素相比，叶黄素较易溶于醇而在石油醚中溶解度较小。

本实验从菠菜中提取上述各种色素，并通过薄层色谱进行分离。

三、主要仪器与药品

1. 仪器

研钵、分液漏斗、布氏漏斗、抽滤瓶、真空泵、圆底烧瓶、色谱缸、托盘天平、剪刀、量筒。

2. 药品

甲醇、石油醚（60～90℃馏分）、丙酮、乙酸乙酯、菠菜叶、无水硫酸钠、硅胶G、0.5%羧甲基纤维素。

四、实验内容

1. 菠菜色素的提取

称取 20g 洗净后的新鲜（或冷冻）的菠菜叶，用剪刀剪碎并与 100mL 甲醇拌匀，在研钵中研磨约 10min 然后用布氏漏斗抽滤菠菜汁，弃去滤渣。

将菠菜汁放回研钵，每次用 100mL 3：2（体积比）的石油醚-甲醇混合液萃取两次，每次需加以研磨并且抽滤。合并深绿色萃取液，转入分液漏斗，每次用 50mL 水洗涤两次，以除去萃取液中的甲醇。洗涤时要轻轻旋荡，以防止产生乳化。弃去上层水-甲醇层，下层石油醚层用无水硫酸钠干燥后滤入圆底烧瓶，在通风橱中水浴蒸去大部分石油醚至体积约为 10mL 为止。

2. 薄层色谱

取四块显微载玻片，用硅胶 G 加 0.5％羧甲基纤维素调制后制板，晾干后在 110℃活化 1h。

展开剂：（a）石油醚：丙酮＝8：2（体积比）

（b）石油醚：乙酸乙酯＝6：4（体积比）

取活化后的色谱板，点样后，小心放入预先加入选定展开剂的色谱缸内，盖好缸盖。待展开剂上升至规定高度时，取出色谱板，在空气中晾干，用铅笔做出标记，并进行测量，分别计算出 R_f 值。

分别用展开剂（a）和（b）展开，比较不同展开剂系统的展开效果。观察斑点在板上的位置并排列出胡萝卜素、叶绿素和叶黄素的 R_f 值的大小次序。

五、注意事项

1. 更换展开剂时，需干燥色谱瓶。

2. 在实验操作过程中，用到大量的石油醚和甲醇等有机药品，这些药品使用时应在通风橱中进行，以免对眼睛的结膜组织造成损坏。

3. 在做薄层色谱时，用毛细管点样时，应注意点样斑点的大小，并注意跑样的时间，不能跑出色谱板的上端线，另外，放置广口瓶时应注意，点样的斑点不能浸入展开剂中。

六、思考题

试比较叶绿素、叶黄素和胡萝卜素三种色素的极性，为什么胡萝卜素在色谱柱中移动最快？

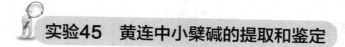

实验45　黄连中小檗碱的提取和鉴定

一、实验目的

1. 掌握黄连中提取小檗碱的方法。

2. 熟悉小檗碱的化学性质和鉴定方法。

二、实验原理

黄连为毛茛科植物,具有清热燥湿、泻火解毒的功效。其主要有效成分是生物碱,包括小檗碱、巴马丁、黄连碱等,其中以小檗碱的含量最高(10%左右)。小檗碱为异喹啉类原小檗碱型生物碱,具有明显的抗菌作用。其结构是为:

小檗碱

本实验利用小檗碱的硫酸盐在酸中的溶解度较大,盐酸盐几乎不溶于水的性质。首先将药材中的小檗碱转变为硫酸盐,用酸溶解提出,然后在使其转化为盐酸盐,降低在水中的溶解度。结合盐析法,制得盐酸小檗碱。

从水或乙醇中结晶所得的小檗碱为黄色针状结晶,含5.5分子结晶水,在100℃干燥后仍保留2.5分子的结晶水,加热至110℃变为棕黄色,160℃分解。小檗碱能缓溶于冷水(1:20),易溶于热水和乙醇,难溶于丙酮、氯仿和苯,能和酸结合成盐,其盐类在水中的溶解度见表5-1。

表5-1 小檗碱盐在水中的溶解度(室温)

名　　称	溶解度	名　　称	溶解度
氢碘酸盐	1:2130	磷酸盐	1:15
盐酸盐	1:500	硫酸盐	1:30
枸橼酸盐	1:125	酸性硫酸盐	1:100

三、主要仪器与药品

1. 仪器

烘箱、电炉、托盘天平、减压抽滤装置、酒精灯、烧杯(1000mL、500mL、200mL)、漏斗、渗漉筒、温度计、脱脂棉、广泛试纸、圆形滤纸。

2. 药品

$Ca(OH)_2$、次氯酸钙、浓硫酸、1%硫酸溶液、浓硝酸、浓盐酸、稀盐酸、10%食盐溶液、10%氢氧化钠溶液、丙酮、锌粉、黄连粉。

四、实验步骤

1. 黄连中小檗碱的提取、精制

(1)渗漉

精取黄连粗粉100g,加入1%硫酸溶液100mL,搅拌摇匀,使湿润度合适,放置半小时后,装入渗漉筒内,以1%硫酸溶液为溶剂浸泡过夜后,开始渗漉,速度以5~6mL·min^{-1}为宜。收集渗漉液500~600mL即可停止渗漉。

（2）酸化盐析

将渗漉液加入浓盐酸，调制 pH≈2～3，再加入 10％食盐溶液，即析出大量黄色沉淀，放置过夜，常压过滤，即得到粗制盐酸小檗碱，将沉淀置烘箱内于 80℃以下干燥，称重。

（3）精制

将盐酸小檗碱粗品加于 25 倍量沸水中，在水浴上加热使之溶解，然后加入石灰乳调节 pH≈8～9，趁热过滤，滤液于 65℃左右加入浓盐酸调至 pH≈12。放置冷却，即析出大量黄色沉淀，过滤，沉淀用蒸馏水洗至 pH≈4，抽干。于 80℃以下干燥后，即得精制盐酸小檗碱。称重，计算产率。

2. 盐酸小檗碱的鉴别

取自制精制盐酸小檗碱 0.05g 溶于 50mL 热水中，加入 10％氢氧化钠溶液 2mL，混合均匀后于水浴上加热至 50℃，加入丙酮 5mL，放置，即有柠檬色丙酮小檗碱结晶析出。抽滤，水洗后干燥。

取自制精制盐酸小檗碱少许，加入稀盐酸 2mL 待溶解后，加漂白粉少许，即显樱红色。

取自制精制盐酸小檗碱少许，加水 1mL 待溶解后，加浓硝酸 1～2 滴，即产生绿色硝酸小檗碱沉淀。

取自制精制盐酸小檗碱少许，加水 1mL 待溶解后，加锌粉少许，再分数次加入浓硫酸数滴，每隔 10min 加 1 次，观察其黄色是否消退。

五、注意事项

1. 在渗漉时注意速度的控制，既不要太快，以免有效成分滞留在渗漉筒中；又不可太慢浪费时间。

2. 在实验操作过程中，注意 pH 的控制。

六、思考题

请结合实验内容画出黄连中小檗碱提取的流程图？

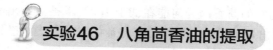

实验46 八角茴香油的提取

一、实验目的

1. 了解用八角茴香提取八角茴香油原理和方法。
2. 掌握水蒸气蒸馏装置安装及使用方法。

二、实验原理

八角茴香油又称大茴香油或茴油。八角果实和枝叶中均含有一定量的茴油，其中在八角果实中的含量最高。茴油中主要成分是茴香脑（含量达 90％左右）及少量的大茴香醛、芳樟醇、桉叶素等。茴香脑沸点较高（233～235℃），蒸气压也较高，易挥发，相对密度为 0.988（25℃），当与水共存蒸馏时，它们的蒸气相互混合在一起从而共同馏出，待馏出液冷却后，各组分从水中分层析出。这种方法也是从天然原料中分离出香精油的常用方法。

三、主要仪器与药品

1. 仪器

研磨器、水蒸气蒸馏装置、梨形分液漏斗、水浴锅、三口烧瓶、锥形瓶、烧杯、梨形蒸馏瓶等。

2. 药品

八角果、二甲苯。

四、实验步骤

用一只500mL的三口烧瓶，装配成一套水蒸气蒸馏装置，用250mL锥形瓶作接收器，置30g磨碎的八角果于烧杯中，加入150mL热水，装配好水蒸气蒸馏装置。通入蒸汽，使溶液达到沸腾，进行速度稳定的蒸馏（注意馏出液的温度、香气及色泽）。收集馏出物100mL。

移馏出液于250mL梨形分液漏斗中，用每份20mL二甲苯萃取二次，待分层后，弃除水层，从漏斗口倒出有机层（为什么？）置于已称重的50mL梨形蒸馏瓶中，装上蒸馏装置，水浴加热，蒸去二甲苯（如何掌握溶剂已蒸完）。冷却称重，计算精油的含量。

五、注意事项

1. 八角要碾碎。
2. 控制水蒸气的速度。
3. 萃取时一定完全分层后在除去水层。
4. 要在通风橱中蒸去二甲苯。

六、思考题

1. 水蒸气蒸馏法提取油的基本原理是什么？与普通蒸馏比较，它的优点是什么？
2. 沸点为233～235℃的茴香脑为何能在低于100℃下被蒸馏出来？
3. 实验设计：试拟出从山苍籽中提取山苍籽油的实验方案（已知山苍籽中含有5%左右的山苍籽油）。

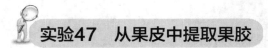

实验47 从果皮中提取果胶

一、实验目的

了解用酸提法从植物中提取果胶的原理和操作方法。

二、实验原理

果胶主要以不溶于水的原果胶形式存在于植物中，当用酸从植物中提取果胶时，原果胶被水解形成果胶，果胶又叫果胶脂酸，其主要成分是半乳糖醛酸甲酯，及半乳糖尾酸通过1,4-苷键连成的高分子化合物，结构片段示意如下：

果胶不溶于乙醇，在提取液中加入至约50％时，可使果胶沉淀下来而与杂质分离。

三、主要仪器与药品

1. 仪器

烧杯、量筒、酒精灯、托盘天平、滤纸、纱布、烧杯。

2. 药品

果皮（柑橘、苹果、梨）、浓盐酸、活性炭、95％乙醇。

四、实验步骤

取 10g 果皮（柑橘、苹果、梨）放入烧杯中，加 60mL 水，再加入 1.5～2mL 浓盐酸。加热至沸，在搅拌下维持沸腾约 15～20min，用纱布过滤除去残渣。滤液内加入少量活性炭，再加热 10～15min，用滤纸过滤，得浅黄色滤液。

滤液放入一小烧杯中，在不断搅拌下慢慢加入等体积的 95％乙醇，会看到出现絮状的果胶沉淀。稍待片刻抽滤，并用 5mL95％乙醇分 2～3 次洗涤沉淀，然后将沉淀烘干，即得果胶固体。

五、思考题

为什么要用乙醇洗涤果胶沉淀？

实验48　从胆汁中提取胆红素

一、实验目的

1. 进一步练习萃取和普通蒸馏操作。
2. 学习提取胆红素的基本原理和操作方法。

二、实验原理

胆红素多存在于动物的胆汁中（20％），一部分存在于血清中，是胆汁的主要色素，也是胆石的成分之一。它在生物化学上被认为是血红蛋白的代谢产物，一般要通过肝脏调节排出。当肝脏功能下降时，往往被贮存下来，达到一定量时可引起黄疸病。

胆红素是制造人造牛黄的原料之一（70％），天然牛黄中胆红素含量可达 56％以上。研究证明：胆红素具有镇静、解热、祛痰、降压、镇惊、抑菌以及促进红血球再生等作用。胆红素对乙型脑炎病毒和 W256 癌细胞也有明显的抑制作用。同时，胆红素又是一种重要的生物试剂，是许多中药中不可缺少的成分，如牛黄解毒片、牛黄清心丸和牛黄安宫丸。胆红素结构为：

式中，R＝H 时为间接胆红素，R＝β-葡萄糖醛酸苷时为直接胆红素。

胆红素晶体属单斜晶系、橙红色、稍加热则变为黑色、但不熔化。可溶于氯苯、氯仿、苯、二硫化碳、酸和碱中，微溶于乙醚，不溶于水。在干燥状态下稳定，在氯仿中置于暗处也比较稳定。但在碱溶液中（如 $0.1 mol \cdot L^{-1}$ NaOH），遇到三价铁离子时极不稳定，很快被氧化成胆绿素。

胆红素的提取方法较多，本实验介绍氯仿提取法和胆红素钙盐法。

三、主要仪器与药品

1. 仪器

100mL 蒸馏烧瓶、烧杯、50～100mL 分液漏斗、直形冷凝管、150℃温度计、5mL 量筒、锥形瓶、水浴锅、托盘天平、玻璃棒、烘箱、漏斗、不锈钢剪、细纱布、快速定型漏纸、涤纶布（40cm×40cm）、尼龙过滤筛（40 目）。

2. 药品

新鲜胆汁、$1 mol \cdot L^{-1}$ 氢氧化钠溶液、稀盐酸、1:1 盐酸、1:3 盐酸、氯仿、亚硫酸氢钠、1‰亚硫酸氢钠、95％乙醇、饱和石灰水、精密及广泛 pH 试纸。

四、实验内容

1. 氯仿提取法

将新鲜的动物胆用不锈钢剪剪开，用细纱布过滤，除去油脂，置于棕色瓶中保存备用。

在 100mL 蒸馏烧瓶中加入 5mL 氯仿，在 60～65℃水浴上稍微加热，用 $1 mol \cdot L^{-1}$ 的氢氧化钠溶液调节 pH≈10～11，然后放入 25mL 新鲜胆汁和抗氧化剂——亚硫酸氢钠（将 0.004g 亚硫酸氢钠溶于 2.6mL 蒸馏水）。控制温度在 65℃左右加热，并保持 3min，加热时要不断搅拌，以防大量气泡生成，使胆汁外溢。煮沸过的胆汁要用冷水迅速冷却至室温，这时 pH 可自动降低为 8～9，再加入 10mL 氯仿，用 1:1 盐酸边滴加边摇动调节 pH 为 3.5～4。静置，如果上层仍有半透明的红色，说明酸度不够，应小心滴加适量盐酸，如果上层为棕黄色水层，下层为红棕色，说明酸度合适（有时出现中间层）。

将烧杯中的液体移入分液漏斗中静置，放出下层液体于一个干净烧杯中，其余倒入锥形瓶中，加入 4～5mL 氯仿，是否需要再加盐酸，根据下面三种情况决定：

若 pH 为 3.5，则无须再加盐酸。

若 pH 为 3.7～3.8，则应加酸，调至 pH 为 3.5。

若 pH 为 3 时则很难分层，这时需加 $1mol \cdot L^{-1}$ 氢氧化钠溶液，调 pH 为 3.5～4，则可分层。

将其移入分液漏斗中静置，分层，取下层液，在 80～90℃ 水浴上蒸馏氯仿至干。蒸馏烧瓶内剩下红棕色胶状物。当接近蒸干时，打开蒸馏烧瓶盖，插入玻璃棒，直至玻璃棒上不再出现水珠时停止加热。然后再加入 95％ 乙醇，在 80～85℃ 的水浴上加热蒸馏几分钟，直至胆红素红色小颗粒析出为止，此时证明已完全蒸干。冷却至室温，用快速定性滤纸过滤，将所得固体放入 30～35℃ 烘箱内烘干，最后置于干燥箱内干燥，密封于暗处保存。

2. 胆红素钙盐法

在 1000mL 烧杯中，加入 100mL 胆汁，加入 50mL 饱和石灰水，搅拌均匀，加热至 50～60℃，液面产生乳白色泡沫，可用干燥滤纸清除，继续加热至 95～98℃，保持 5min，液面上将漂浮大量橙红色胆红素钙盐，迅速捞出，用双层湿的涤纶布压榨，得胆红素钙盐。滤液温度降至 30～40℃ 后，向滤液中加入 1∶3 盐酸，细调 pH≈1～2，即得胆汁酸。

另取 200mL 烧杯，放入上述胆红素钙盐，加入其质量一半的水，搅成糊状。加入 1％ 亚硫酸氢钠 20mL，用 1∶3 盐酸调 pH 至 1.5，用涤纶布滤去酸液弃之，向滤液中加入少量 95％ 乙醇，搅成糊状，再加入 1％ 亚硫酸氢钠溶液，边加边搅拌，再用盐酸仔细调 pH 至 1～2，再加 10 倍的 95％ 乙醇，静置 16～24h，即得胆红素粗晶。虹吸上层清液。最后用 25℃ 左右蒸馏水洗涤沉淀 2～3 次。用涤纶布滤干，所得固体为粗胆红素。

五、注意事项

1. 用 $1mol \cdot L^{-1}$ NaOH 调节 pH，决不能大于 12，大于 12 产率明显下降。

2. 加稀盐酸时，一定要慢慢加入，边加边搅拌，若速度太快，有胆酸生成，影响分离效果。

3. 蒸馏时，温度一定不能超过 95℃，高温易氧化分解。

4. 胆红素对热和光敏感，易氧化变质，必须保存在棕色瓶中。

六、思考题

1. 为什么溶解胆红素时 pH 要在 7 以上？而析出时，则要调节 pH 在 7 以下？

2. 为什么 pH 调节至 4～5 就可出现分层现象？

3. 欲得到更多的产品，应注意哪些事项？

综合性、设计性实验

Chapter 06

实验49　多组分混合物的分离

一、实验目的

1. 了解进行科学研究的基本过程，提高应用知识和技能进行综合分析、解决实际问题的能力。学习设计用化学方法分离有机混合物的实验方案。
2. 学习有机混合物的分离操作。
3. 掌握分离有机混合物的基本思路和方法。

二、实验原理

在文献调研的基础上，设计完成多组分系统的分离（根据所学有机物基本性质，分析混合物各组分的特点，利用有机物物理、化学性质上的差异进行分离）。

三、实验内容

实验室现有多组分混合物（苯、苯胺、苯甲酸；苯酚、苯甲酸、甲苯）的分离。请根据其性质、溶解度选择合适的溶剂，设计合理的方案，经萃取、分离、纯化，从混合物中得到纯净的苯、甲苯、苯酚、苯甲酸、苯胺。

1. 查阅资料，调研分离醇、酚、芳香酸的具体方法。
2. 分析各种方法的优缺点，作出自己的选择。
3. 结合实验室条件，设计完成。

四、实验要求

1. 预习部分

（1）根据文献调研，写出分离 30mL 混合物的设计方案。

苯：15mL，苯胺：15mL，苯甲酸：3g

苯酚：3g，苯甲酸：3g，甲苯：30mL

（2）列出所需试剂。

（3）查阅混合物中各组分化合物的物理常数。

（4）设计操作步骤（包括分析可能存在的安全问题，并提出相应的解决策略）。

（5）列出使用的仪器设备。

（6）提出各化合物检测方法和准备使用的仪器。

2. 实验部分

（1）学生将设计出一种或几种分离有机物的方案，交指导教师审阅合格后实施。

（2）学生完成实验后对分离所得各物质进行分析测试。

（3）做好实验记录，教师签字确认。

3. 报告部分

（1）包括实验目的和要求完成的各项任务。

（2）对实验现象进行讨论。

（3）整理分析实验数据。

（4）给出结论，确认分离所得产物是否符合要求，并计算各组分含量及混合物的总回收率。

五、评分标准

满分 10 分。其中，完成预习部分的各项要求 2 分，圆满完成实验 5 分，报告撰写合理 3 分。

六、注意事项

1. 苯、苯胺、甲苯都有毒，注意不要粘到皮肤上。

2. 苯酚有腐蚀性，不要粘到皮肤上。

3. 选用的试剂和仪器要是实验室中常见的。

4. 分离提纯设计越简便易行越好。

实验50　己二酸二乙酯的制备

一、实验目的

1. 学习己二酸二乙酯的制备原理和方法。

2. 学习油水分离器的使用方法，掌握减压蒸馏等操作。

二、实验原理

己二酸二乙酯通常用己二酸和乙醇在酸催化下，直接酯化制得。通过共沸蒸馏，除去生成的水，促使反应进行完全。反应方程式如下：

$$\begin{array}{l}CH_2CH_2CO_2H \\ | \\ CH_2CH_2CO_2H\end{array} + 2C_2H_5OH \xrightarrow[\text{甲苯}]{\text{浓 } H_2SO_4} \begin{array}{l}CH_2CH_2CO_2C_2H_5 \\ | \\ CH_2CH_2CO_2C_2H_5\end{array} + 2H_2O$$

三、主要仪器和药品

1. 仪器

50mL 圆底烧瓶、油水分离器流、回流冷凝管、水冷凝管、减压蒸馏装置、克氏烧瓶、锥形瓶、温度计、油浴锅、干燥管等。

2. 试剂

己二酸、无水乙醇、甲苯、浓硫酸、无水氯化钙。

四、实验内容

在 50mL 圆底烧瓶中加入 1.8g（12m mol）己二酸，4.4mL（7.38m mol）无水乙醇，5mL 甲苯和 1 滴浓硫酸，装上油水分离器，上接回流冷凝管，管口连接一内装无水氯化钙的干燥管，用小火加热回流 40min（回流冷凝管口有液滴滴下）。

稍冷，改回流装置为蒸馏装置，控制加热温度，使乙醇、甲苯和水的恒沸物逐滴蒸出，直到蒸馏烧瓶颈部温度计温度到 77～78℃ 保持油浴温度在 110～115℃，待无馏分蒸出（温度计读数开始下降）时停止蒸馏。

将上述蒸馏瓶中的剩余液体倒入克氏烧瓶中进行减压蒸馏，先蒸出未蒸完的乙醇和甲苯，当温度升高，己二酸二乙酯在 138℃/20mmHg 或者 98℃/5mmHg 蒸出，产量 2.2～2.4g 为理论产量的 89%～95%。

五、注意事项

1. 为保证酯化反应顺利进行，用过量的乙醇（为理论量的 3 倍）。
2. 油水分离器的活塞要用真空硅脂涂好，不能漏！
3. 开始加热温度应升得快些，确保己二酸迅速溶解，当己二酸溶解后应控制温度。

六、思考题

1. 减压蒸馏的原理是什么？
2. 减压蒸馏能不能用沸石，为什么？应该用什么装置来替代沸石？
3. 使用油泵减压时，有哪些吸收和保护装置？其作用分别是什么？
4. 简述减压蒸馏的操作要点。

实验51　乙酰乙酸乙酯的制备

一、实验目的

1. 了解克莱森（Claisen）酯缩合反应的原理。
2. 掌握制备乙酰乙酸乙酯的实验操作。

二、实验原理

在碱性催化剂存在下，含有 α-活泼氢的酯和另一分子的酯发生 Claisen 酯缩合反应，生成 β-羰基酸酯，例如乙酰乙酸乙酯的合成，反应过程如下：

生成的乙酰乙酸乙酯分子中亚甲基上的氢非常活泼，能与醇钠作用生成稳定的钠化合物，所以反应向生成乙酰乙酸乙酯钠化合物的方向进行，乙酰乙酸乙酯钠化合物与醋酸作用生成乙酰乙酸乙酯。原料乙酸乙酯中存在的少量乙醇与金属钠反应生成乙醇钠为催化剂。反应式：

$$2CH_3COOC_2H_5 \xrightarrow{NaOC_2H_5} Na^+[CH_3COCHCOOC_2H_5]^- \xrightarrow{HAc} CH_3COCH_2COOC_2H_5 + NaAc$$

三、主要仪器药品

1. 仪器

干燥的 100mL 圆底烧瓶、球形冷凝管、干燥管、分液漏斗、减压蒸馏装置、托盘天平、量筒。

2. 药品

乙酸乙酯、金属钠、甲苯、50%醋酸、饱和氯化钠、无水硫酸钠、无水氯化钙。

四、实验内容

在干燥的 100mL 圆底烧瓶中，加入 13mL 甲苯和 2.5g 金属钠，装上球形冷凝管，冷凝管上口装一氯化钙干燥管。加热回流至钠熔融，待回流停止后，拆去冷凝管，然后用橡皮塞塞紧圆底烧瓶，按住塞子，用力地来回振荡几下停止，即成钠珠（颗粒要尽可能小，以使反应易于进行，否则重新熔融再摇）。放置，待钠珠沉于底部后，将甲苯倾倒在甲苯的回收瓶中（切记不能往水池中倒甲苯，以免钠珠倒出起火），迅速加入 28mL 乙酸乙酯，重新装上冷凝管（上口加干燥管），此时反应立即开始，并有氢气逸出。如反应很慢，可用热水浴稍加热，保持沸腾状态，直至所有金属钠作用完为止，在反应过程中要不断振荡反应瓶。生成红色透明溶液（有时析出黄白色沉淀）为乙酰乙酸乙酯钠盐。冷却后，边振荡边小心加入 50%的醋酸（由等体积的冰醋酸和水混合而成），直至反应液呈微酸性为止（用石蕊试纸检验，约需 15mL）。

将反应液移入分液漏斗中，加入等体积的已过滤了的饱和氯化钠溶液，用力振荡，经放置后乙酰乙酸乙酯全部析出。分出乙酰乙酸乙酯，用无水硫酸钠干燥，然后注入蒸馏瓶，并以少量的乙酸乙酯洗涤干燥剂。在沸水浴上进行蒸馏，收集未作用的乙酸乙酯。

将剩余液进行减压蒸馏，蒸馏时加热须缓慢，待残留的低沸点液体全部蒸出后，再升高温度收集乙酰乙酸乙酯，质量为 6～7g。

五、注意事项

1. 由于用到了金属钠，所以使用时应严格防止与水接触，在称量或分割过程中应当迅速，以免被空气中的水蒸气侵蚀或被氧化。

2. 一定要等到所有的金属钠都反应完毕后再加入 50%的醋酸溶液。

3. 用醋酸中和时，开始有固体析出，继续加酸并不断振荡，固体物逐渐消失，最后得到澄清的液体。如仍有少量固体未溶解，可加少许水使之溶解，但应避免加入过量的醋酸，否则会增加乙酰乙酸乙酯在水中的溶解度而降低产量。

六、思考题

减压蒸馏乙酰乙酸乙酯时，为什么先蒸去低沸点液体，而不能直接在高温下蒸馏收集？

实验52　苯佐卡因的制备

一、实验目的

1. 学习在酸性条件下用金属还原芳香族硝基化合物的原理和操作方法。
2. 掌握由对硝基苯甲酸通过还原、酯化反应制备苯佐卡因的原理和方法。

二、实验原理

苯佐卡因（benzocaine）的化学名称为对氨基苯甲酸乙酯，是一种局部麻醉药，常制成散剂或软膏用于疮面溃疡的止痛。苯佐卡因通常以对硝基甲苯为原料，首先氧化成对硝基苯甲酸，从对硝基苯甲酸制备苯佐卡固有两条路线：

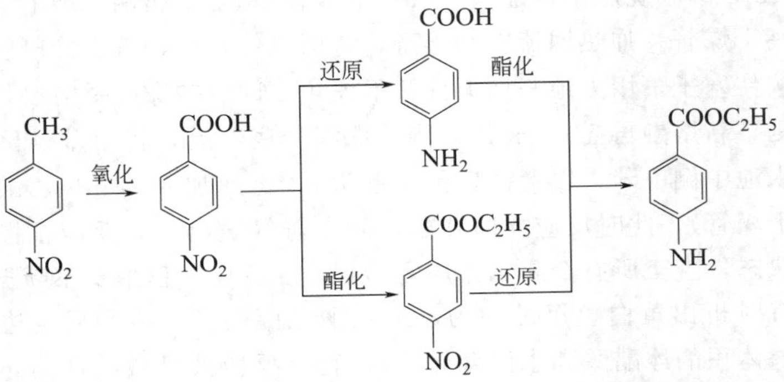

本实验选用先还原后酯化的反应路线，该方法有实验步骤少、操作方便、产率高的优点。第一步还原反应以锡粉为还原剂，在酸性介质中，还原苯环上的硝基成氨基。锡粉的作用是提供电子，酸作为供质子剂提供反应所需要的质子。还原产物对氨基苯甲酸在酸性介质中成盐酸盐溶于水溶液中，锡粉反应后生成的四氯化锡也溶于水中。反应完毕，调节反应液呈碱性，四氯化锡生成氢氧化锡沉淀可被滤除，而对氨基苯甲酸则生成羧酸氨盐仍溶于水中。然后再用冰醋酸中和滤液，析出对氨基苯甲酸结晶。反应式如下：

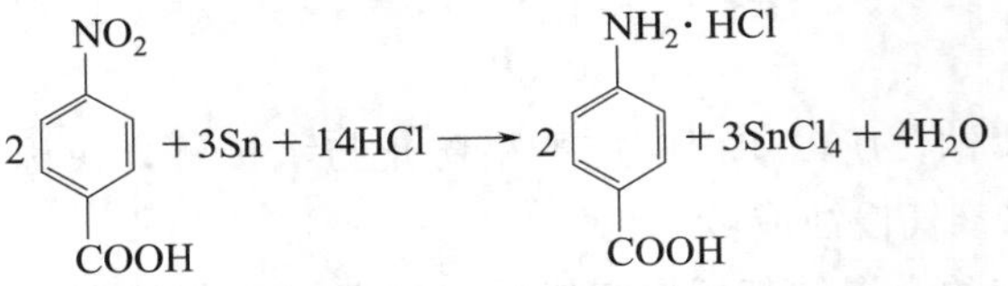

$$SnCl_4 + 4NH_3 \cdot H_2O \longrightarrow Sn(OH)_4 + 4NH_4Cl$$

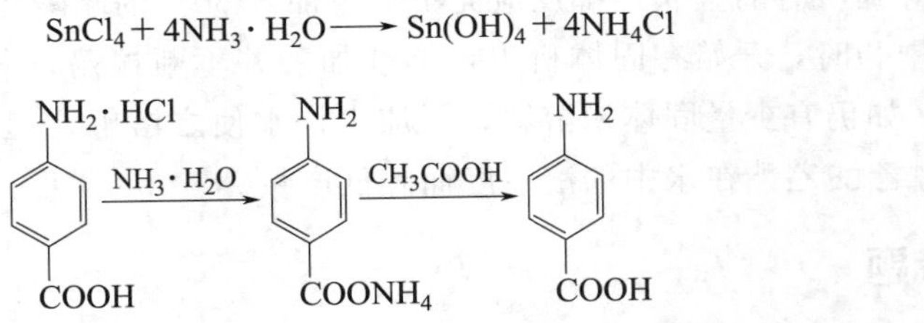

因对氨基苯甲酸为两性物质，酸化或碱化时须小心控制酸碱用量，否则将影响产品质量

与产量，有时甚至生成内盐而得不到产物。

第二步酯化反应，对氨基苯甲酸在浓硫酸催化下与乙醇反应生成苯佐卡因。由于酯化是可逆反应，故使用过量无水乙醇和过量硫酸，酯化产物与过量的硫酸形成盐而溶于水中，反应完毕加入碳酸钠中和即得苯佐卡因结晶。

三、主要仪器和药品

1. 仪器

100mL 三口烧瓶、100mL 圆底烧瓶、球形冷凝管、250mL 烧杯、布氏漏斗、抽滤泵吸滤瓶、温度计、托盘天平、量筒。

2. 药品

对硝基苯甲酸、锡粉、浓盐酸、浓氨水、无水乙醇、冰醋酸、碳酸钠、10％碳酸钠溶液、浓硫酸、pH 试纸、沸石。

四、实验内容

1. 还原反应

在装有温度计、球形冷凝管的 100mL 三口烧瓶中，加入研细的对硝基苯甲酸 5g，锡粉 10g，塞上瓶口，从冷凝管上口分批加入 25mL 浓盐酸，边加边摇动三口烧瓶，加料完毕，用电热套小火加热至反应液温度达 30℃左右，使反应开始。为保持反应正常进行，要经常摇动反应烧瓶。随着反应的进行，温度逐渐升高，对硝基苯甲酸固体和锡粉都逐渐减少，控制反应温度最高不要超过 100℃，当反应接近终点时，反应液呈透明状，反应结束。稍冷后，将反应液倒入 250mL 烧杯中，留下锡块，用少量水洗涤烧瓶，并入反应液。

待反应液冷至室温，慢慢滴加浓氨水中和，边滴加边搅拌，至 pH 为 7～8，析出氢氧化锡沉淀，反应液成为稠厚的糊状。用布氏漏斗抽滤，用少量水洗涤沉淀，合并滤液和洗涤液，注意总体积不要超过 60mL，若体积过大，可在水浴上浓缩。将滤液倒入烧杯中，在搅拌下滴加冰醋酸，至 pH 为 4～5 为止，有大量白色沉淀析出，用布氏漏斗抽滤，得白色固体，晾干后称重，计算产率。

2. 酯化反应

取制得的对氨基苯甲酸 2.5g 放入干燥的 100mL 圆底烧瓶中，加入 20mL 无水乙醇，缓缓滴加 3mL 浓硫酸，充分摇匀，加入 2 粒沸石，安装球形冷凝管，加热回流，至反应液由浑浊变为澄清透明（约需 1～1.5h）。趁热将反应液倒入盛有 80mL 水的烧杯中，溶液稍冷后，慢慢加入碳酸钠固体粉末，边加边搅拌，使碳酸钠粉末完全溶解，当溶液的 pH 为 7 时，慢慢滴加 10％碳酸钠溶液，使溶液的 pH 至 7～8。冷却溶液，析出结晶，抽滤，得固体产物，用少量冷水洗涤固体，产物晾干后称量，计算产率。

苯佐卡因的熔点为 91～92℃。

五、注意事项

1. 还原反应中，加料次序不能颠倒，同时浓盐酸的量切不可过量，否则中和时浓氨水用量增加，最后导致溶液体积过大，造成产品损失。对硝基苯甲酸要研成粉末状。

2. 注意反应升温时，速度不能太快，温度不能过高，否则会发生冲料与副反应。

3. 如果体积过大，则需要浓缩，在加热浓缩时，若温度过高，加热时间较长，氨基可能发生氧化而导入有色杂质。

附微型化实验

在 25mL 圆底烧瓶中加入 5g 对氨基苯甲酸，15mL 95％乙醇和 1mL 浓硫酸，将混合物回流 1h，冷却，用 10％的碳酸钠溶液中和，用乙醚萃取，水浴上蒸去乙醚，剩余固体用乙醇-水进行重结晶，真空抽滤。苯佐卡因为白色固体，熔点为 89～92℃。

实验53　甲基橙的制备

一、实验目的

1. 通过甲基橙的制备掌握重氮化反应和偶合反应的原理及实验操作。
2. 进一步掌握重结晶和电动搅拌器的操作技术。

二、实验原理

甲基橙是一种偶氮类的染料，主要用作酸碱指示剂。甲基橙是由对氨基苯磺酸与亚硝酸经重氮化反应制成对氨基苯磺酸重氮盐，再与 N,N-二甲基苯胺的醋酸盐在弱酸性介质中偶合得到的。偶合首先得到的是嫩红色的酸式甲基橙，称为酸性黄，在碱中酸性黄转变为橙黄色的钠盐，即甲基橙。反应式：

$$\xrightarrow[0\sim5℃]{C_6H_5N(CH_3)_2/CH_3COOH} [HO_3S\!-\!\!\langle\rangle\!-\!N\!=\!N\!-\!\!\langle\rangle\!-\!\overset{\displaystyle N(CH_3)_2}{\underset{\displaystyle H}{|}}]^+CH_3COO^-$$

酸性黄(红色)

$$\xrightarrow{NaOH} HO_3S\!-\!\!\langle\rangle\!-\!N\!=\!N\!-\!\!\langle\rangle\!-\!N(CH_3)_2$$

甲基橙

三、仪器和药品

1. 仪器

100mL 烧杯、250mL 三口烧瓶、锚式搅拌棒、抽滤装置、烧杯、试管、托盘天平、温度计、量筒。

2. 药品

对氨基苯磺酸、5％氢氧化钠溶液、亚硝酸钠、浓盐酸、N, N-二甲基苯胺、冰醋酸、10％氢氧化钠溶液、0.4％氢氧化钠溶液、95％乙醇、淀粉-碘化钾试剂。

四、实验内容

1. 对氨基苯磺酸重氮盐的制备

在 100mL 的烧杯中，加入 10mL 5％氢氧化钠溶液，2.1g 对氨基苯磺酸晶体，搅拌使溶解。若不溶，用热水浴加热溶解，冷却至室温后，加入由 0.8g 亚硝酸钠和 6mL 水配成的溶液，用冰水浴冷却至 5℃以下，向烧杯内加入 10mL 冰水和 3mL 浓盐酸，使温度保持在 0～5℃，有对氨基苯磺酸重氮盐的白色沉淀析出，用淀粉-碘化钾试纸检验呈蓝色。将反应物在冰水浴中搅拌 10min，使反应完全。

2. 偶合制备甲基橙

在一试管中加入 1.3mL N, N-二甲基苯胺和 1mL 冰醋酸，振荡使之混合，在搅拌下将此溶液缓慢加到上述冷却的对氨基苯磺酸重氮盐溶液中，加完后继续搅拌 10min，这时有红色酸性黄沉淀生成。在搅拌下，慢慢加入 10％氢氧化钠溶液 15mL，直至反应物变成橙色（反应液呈碱性），甲基橙呈细粒状沉淀析出。

将反应物加热至 80～90℃，保持 5min，使粗制甲基橙溶解以后，冷却到室温，再置于冰浴中冷却，使结晶完全析出。抽滤，用 3～5mL 冰水冲洗烧杯，并用冲洗液洗涤产品，抽干，再用少量 95％乙醇洗涤，抽干。

若要制得较纯产品，可将滤饼移入烧杯中，用 0.4％氢氧化钠溶液（每克粗产物用 15～20mL 稀碱溶液）重结晶。加热烧杯，搅拌使固体全溶。冷却溶液至室温，再用冰水浴冷却，待甲基橙全部析出后，抽滤，用少量乙醇洗涤产品，晾干后称量，得到橙色的小叶片状甲基橙结晶，产量 2.5g，计算产率。

甲基橙是一种盐，没有明确熔点。取少量甲基橙溶于水中，加几滴稀盐酸溶液，然后再加入稀氢氧化钠溶液中和，观察颜色有何变化。

五、注意事项

1. 重氮化反应中，亚硝酸应稍过量，用淀粉-碘化钾试纸检验时显蓝色，若不显蓝色，需适量补充亚硝酸钠溶液，并充分搅拌到使试纸刚呈蓝色为止。

$$2HNO_2 + 2KI + 2HCl \longrightarrow I_2 + 2NO + 2H_2O + 2KCl$$

2. 粗产物呈碱性，温度稍高时易使产物变质，颜色变深，湿的甲基橙受日光照射也会使颜色变深。通常可在 65～70℃烘干。

3. 用乙醇洗涤的目的是使产品迅速干燥。

4. 重结晶时，操作要迅速，因为产品呈碱性，温度高时使颜色加深，因此可先将 0.4％氢氧化钠溶液煮沸，再加入晶体。

六、思考题

1. 在本实验中，制备重氮盐时为什么要把对氨基苯磺酸变成钠盐？重氮盐的制备为什么要控制在 0～5℃进行？

2. 结合本实验讨论一下偶合反应的条件。

附微量化实验

1. 重氮盐制备

称取无水对氨基苯磺酸 120mg 于 5mL 锥瓶中，加入 0.5mL 水，再加入 10％氢氧化钠溶液 5 滴，振摇至全溶。若不能全溶，可稍加热溶解后再冷至室温。在小试管中放置亚硝酸钠 60mg，加水 0.5mL，摇动溶解后倒入前面制备的对氨基苯磺酸溶液里。将锥瓶置于冰水浴中冷却至 0～5℃。将装有 0.5mL 6mol·L⁻¹盐酸的小锥瓶放在冰浴中冷却 10min 左右，把前面配制的已经冷却的混合溶液倒入冷的盐酸溶液中，继续在冰浴中反应，可观察到白色针状的重氮盐析出。经 15～20min 后加入 7～8mg 尿素，间歇旋摇 5min 以消除过量的亚硝酸。

2. 偶合

在另一支 5mL 锥形瓶中，将 95mg N,N-二甲基苯胺（0.785mmol）溶于 1.5mL 95％乙醇中，以冰浴冷到 5℃以下，然后将其加到重氮盐的冷溶液中。将反应混合物轻轻旋摇 10min，在继续旋摇下滴加 10％氢氧化钠溶液，直到有橙色沉淀析出（约需氢氧化钠溶液 1.2mL），再在冰浴中维持 5min。用布氏漏斗抽滤产物，以数滴乙醇洗涤，抽干。迅速将产物转移到表面皿上，在 60～65℃真空干燥箱中干燥，称重并计算收率。

产量 130～150mg，收率 57.6％～66.4％，产物为橙色或橙红色小叶片状晶体。

本实验约需 1.5h。

实验54 紫罗兰酮的制备

一、实验目的

1. 学习香料的基本知识，掌握交叉羟醛缩合的实验技术。
2. 练习蒸馏、回流等操作及各种仪器的使用。

二、实验原理

紫罗兰酮的合成是以柠檬醛为原料，在碱性条件下，首先与丙酮进行缩合，制成假紫罗兰酮，再用 60％硫酸溶液作催化剂，使假紫罗兰酮闭环，制得紫罗兰酮。反应过程如下：

(柠檬醛)   +   H₃C—CO—CH₃ →(NaOH, −H₂O)→   (假紫罗兰酮)

（经 H₂SO₄）

(α-紫罗兰酮)   +   (β-紫罗兰酮)

三、主要仪器和药品

1. 仪器

搅拌器、滴液漏斗、温度计、球形冷凝管、四口烧瓶、托盘天平、量筒、减压蒸馏装置。

2. 药品

柠檬醛、丙酮、冰醋酸、甲苯氢氧化钠、饱和食盐水、60%硫酸溶液、15%碳酸钠溶液。

四、实验内容

1. 假紫罗兰酮的合成

在装有搅拌器、滴液漏斗、温度计和球形冷凝管的四口烧瓶中加入 0.5g 研成粉末状的固体氢氧化钠和 65mL 丙酮，搅拌，水浴加热至瓶内丙酮开始回流时，从滴液漏斗中滴加 20mL 柠檬醛，控制反应温度在 45～50℃，15min 内滴完，保持温度继续搅拌反应 45min。反应完毕后，用冰醋酸中和反应液至 pH 为 6～7，水浴蒸馏回收丙酮，粗产品用饱和食盐水洗 3 次，常温减压蒸去低沸物，得假紫罗兰酮粗产品（红棕色液体）。

2. 紫罗兰酮的合成

在装有搅拌器、滴液漏斗、温度计和球形冷凝管的四口烧瓶中，加入 10mL 60% 的硫酸溶液，搅拌下依次加入 14mL 甲苯和滴加 10g 假紫罗兰酮。保持反应温度 25～28℃，搅拌 15min。反应结束后，加 10mL 水，搅拌分出有机层。有机层用 15% 的碳酸钠溶液中和，再用饱和食盐水洗涤，常压下蒸去甲苯。残留物进行减压蒸馏，收集 125～135℃ 的馏分，得浅黄色油状液体紫罗兰酮 7～8g，收率为 70%～80%，折射率为 1.499～1.504。

五、注意事项

1. 合成假紫罗兰酮时控制反应温度在 45～50℃。
2. 控制柠檬醛的滴加速度。
3. 注意实验室要通风。

六、思考题

1. 从理论上来说，本合成反应的产物中是 α-异构体的含量高还是 β-异构体的含量高？
2. 合成假紫罗兰酮时，为什么要控制反应温度在 45～50℃？

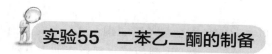

实验55 二苯乙二酮的制备

一、实验目的

1. 了解安息香氧化合成二苯基乙二酮的氧化剂的选择。
2. 熟练掌握回流、重结晶等实验操作。

二、实验原理

二苯乙二酮是合成药物苯妥英钠的中间体，亦可用于杀虫剂及紫外线固化树脂的光敏剂。二苯乙二酮可以由安息香经氧化制得。氧化剂可以为浓硝酸，但反应生成的二氧化氮对环境污染严重。也可以使用 Fe^{3+} 作为氧化剂，铁盐被还原成 Fe^{2+}。

本实验改进后采用醋酸铜作为氧化剂。这样反应中产生的亚铜盐不断被硝酸铵重新氧化成铜盐，硝酸铵本身被还原成亚硝酸铵，后者在反应条件下分解为氮气和水。改进后的方法在不延长反应时间的情况下可明显节约试剂，且不影响产率及产物纯度。

三、主要仪器和药品

1. 仪器

50mL 圆底烧瓶、100mL 三口烧瓶、球形冷凝管、烧杯、抽滤装置、托盘天平、量筒、酒精灯等。

2. 药品

安息香、硝酸铵、冰醋酸、2％醋酸铜溶液、75％乙醇、蒸馏水、沸石。

四、实验内容

在 50mL 圆底烧瓶中加入 3g 安息香、8mL 冰醋酸、1g 粉状的硝酸铵和 2mL2％醋酸铜溶液，加入几粒沸石，装上回流冷凝管，在石棉网上缓慢加热并时加摇荡。当反应物溶解后开始放出氮气，继续回流 1.5h 使反应完全。将反应混合物冷至 50~60℃在搅拌下倾入 10mL 冰水中，析出二苯乙二酮结晶。抽滤，用冷水充分洗涤，尽量压干，粗产物干燥后为 2g。若要得到纯品可用 75％乙醇-水溶液重结晶，熔点 94~96℃。

纯二苯乙二酮为黄色结晶，熔点为 95℃。

五、注意事项

1. 要缓慢加热并要摇荡，防止暴沸。
2. 抽滤时要用冷水充分洗涤。

六、思考题

1. 有哪些氧化剂可以氧化安息香至二苯乙二酮，这些氧化剂有哪些优缺点？

除了上述方法，常见的制备方法中用到的氧化剂还有如下几种。

(1) 安息香与 $FeCl_3$ 反应

方法为：在 100mL 三口烧瓶中加入 10mL 冰乙酸、5mL 水及 $9gFeCl_3 \cdot 6H_2O$，装上回流冷凝管，加热至沸（以石蜡油为热浴体），用磁力搅拌器搅拌。停止加热，待沸腾平息后，加入 2.2g 安息香，继续加热回流 1h。加入 50mL 水煮沸后，冷却反应液至室温，有黄色固体析出。抽滤，并用冷水洗涤固体 3 次。粗产品约 2g，产率约 95％。其中加醋酸是为了防止氯化铁水解，同时增强三价铁的氧化性，加水是为了降低体系的饱和度，使析出的晶体较大。

(2) 安息香与浓 HNO_3 的反应

方法为：将 6.0g（0.028mol）自制的安息香和 20.0mL 浓硝酸（1.44mol）加入圆底烧瓶中，混合均匀。冷凝管上端节一气体吸收装置，用稀碱吸收放出的氧化氮气体。在搅拌下于沸水浴中加热 10～12min。加热过程中固体物逐渐溶解，并伴有油状物生成。冷却至室温，自冷凝管顶端加入 100mL 冰冷的水，有黄色晶体析出。冰浴中冷却，使晶体析出完全。抽滤，用冷水充分洗涤。粗产物可用乙醇重结晶，得黄色针状晶体约 4.6g。

此反应缺点是生成的二氧化氮对环境污染严重。

2. 用反应方程式表示硫酸铜和硝酸铵在与安息香反应过程中的变化。

Cu^{2+} 先与安息香反应，自己还原为 Cu^+，再被硝酸铵氧化成 Cu^{2+}，同时硝酸铵自身被氧化成亚硝酸铵，后者分解为氮气和水。

附 录

一、常用元素相对原子质量简表

元素名称	相对原子质量	元素名称	相对原子质量
银 Ag	107.868	碘 I	126.9045
铝 Al	26.98154	钾 K	39.908
溴 Br	79.904	镁 Mg	24.305
碳 C	12.011	锰 Mn	54.9380
钙 Ca	40.08	氮 N	14.0067
氯 Cl	35.453	钠 Na	22.9898
铬 Cr	51.996	氧 O	15.9994
铜 Cu	65.546	磷 P	30.97376
氟 F	18.99840	铅 Pb	207.2
铁 Fe	55.847	硫 S	32.06
氢 H	1.0079	锡 Sn	118.69
汞 Hg	200.59	锌 Zn	65.38

二、与水形成的二元共沸物

（水的沸点为 100 ℃）

溶 剂	沸点/℃	共沸点/℃	含水量/%	溶 剂	沸点/℃	共沸点/℃	含水量/%
氯仿	61.2	56.3	3.0	正丙醇	97.2	88.1	28.2
苯	8.04	69.4	8.9	异丁醇	108.4	89.7	30.0
丙烯腈	78.0	70.0	13.0	正丁醇	117.7	93.0	44.5
二氯乙烷	83.7	72.0	19.5	二甲苯	137～140.5	92.0	35.0
乙腈	82.0	76.5	16.3	吡啶	115.1	92.6	43.0
乙醇	78.3	78.5	4.4	异戊醇	131.0	95.2	49.6
乙酸乙酯	77.1	70.4	8.1	正戊醇	138.3	95.4	54.0
异丙醇	82.4	80.4	12.2	氯乙醇	129.0	97.8	57.7
甲苯	110.5	85.0	20.2	乙醚	34.5	34.2	1.3

三、与水形成的三元共沸物

第一组分		第二组分		第三组分		沸点/℃
名称	质量分数/%	名称	质量分数/%	名称	质量分数/%	
水	7.8	乙醇	9.0	乙酸乙酯	83.2	70.3
水	4.3	乙醇	9.7	四氯化碳	86.0	61.8

第一组分		第二组分		第三组分		沸点/℃
名称	质量分数/%	名称	质量分数/%	名称	质量分数/%	
水	7.4	乙醇	18.5	苯	74.1	64.9
水	7	乙醇	17	环己烷	76	62.1
水	3.5	乙醇	4.0	氯仿	92.5	55.5
水	7.5	异丙醇	18.7	苯	73.8	66.5
水	0.81	二硫化碳	75.21	丙酮	23.98	38.042

四、常用酸碱溶液密度及浓度

盐　酸

HCl 质量分数/%	d_4^{20}	100mL 水溶液中含 HCl 的质量/g	HCl 质量分数/%	d_4^{20}	100mL 水溶液中含 HCl 的质量/g
1	1.0032	1.003	22	1.1083	24.38
2	1.0082	2.006	24	1.1187	26.85
4	1.0181	4.007	26	1.1290	29.35
6	1.0279	6.167	28	1.1392	31.90
8	1.0376	8.301	30	1.1492	34.48
10	1.0474	10.47	32	1.1593	37.10
12	1.0574	12.69	34	1.1691	39.75
14	1.0675	14.95	36	1.1789	42.44
16	1.0776	17.24	38	1.1885	45.16
18	1.0878	19.58	40	1.1980	47.92
20	1.0980	21.96			

硫　酸

H_2SO_4 质量分数/%	d_4^{20}	100mL 水溶液中含 H_2SO_4 的质量/g	H_2SO_4 质量分数/%	d_4^{20}	100mL 水溶液中含 H_2SO_4 的质量/g
1	1.0051	1.005	65	1.5533	101.0
2	1.0118	2.024	70	1.6105	112.7
3	1.0184	3.055	75	1.6692	125.2
4	1.0250	4.100	80	1.7272	138.2
5	1.0317	5.159	85	1.7786	151.2
10	1.0661	10.66	90	1.8144	163.3
15	1.1020	16.53	91	1.8195	165.6
20	1.1394	22.79	92	1.8240	167.8
25	1.1783	29.46	93	1.8279	170.2
30	1.2185	36.56	94	1.8312	172.1
35	1.2599	44.10	95	1.8337	174.2
40	1.3028	52.11	96	1.8355	176.2
45	1.3476	60.64	97	1.8364	178.1
50	1.3951	69.76	98	1.8361	179.9
55	1.4453	79.49	99	1.8342	181.6
60	1.4983	89.90	100	1.8305	183.1

发 烟 硫 酸

游离 SO₃ 质量分数/%	d_4^{20}	100mL 水溶液中含 SO₃ 的质量/g	游离 SO₃ 质量分数/%	d_4^{20}	100mL 水溶液中含 SO₃ 的质量/g
1.54	1.860	2.8	10.07	1.900	19.1
2.66	1.865	5.0	10.56	1.905	20.1
4.28	1.870	8.0	11.43	1.910	21.8
5.44	1.875	10.2	13.33	1.915	25.5
6.42	1.880	12.1	15.95	1.920	30.6
7.29	1.885	13.7	18.67	1.925	35.9
8.16	1.890	15.4	21.34	1.930	41.2
9.43	1.895	17.7	25.65	1.935	49.6

硝 酸

HNO₃ 质量分数/%	d_4^{20}	100mL 水溶液中含 HNO₃ 的质量/g	HNO₃ 质量分数/%	d_4^{20}	100mL 水溶液中含 HNO₃ 的质量/g
1	1.0036	1.004	65	1.3913	90.43
2	1.0091	2.018	70	1.4134	98.94
3	1.0146	3.044	75	1.4337	107.5
4	1.0201	4.080	80	1.4521	116.2
5	1.0256	5.128	85	1.4686	124.8
10	1.0543	10.54	90	1.4826	133.4
15	1.1842	16.26	91	1.4850	135.1
20	1.1150	22.30	92	1.4873	136.8
25	1.1469	28.67	93	1.4892	138.5
30	1.1800	35.40	94	1.4912	140.2
35	1.2140	42.94	95	1.4932	141.9
40	1.2463	49.85	96	1.4952	143.5
45	1.2783	57.52	97	1.4974	145.2
50	1.3100	65.50	98	1.5008	147.1
55	1.3393	73.66	99	1.5056	149.1
60	1.3667	82.00	100	1.5129	151.3

氢 氧 化 钠

NaOH 质量分数/%	d_4^{20}	100mL 水溶液中含 NaOH 的质量/g	NaOH 质量分数/%	d_4^{20}	100mL 水溶液中含 NaOH 的质量/g
1	1.0095	1.010	26	1.2848	33.40
5	1.0538	5.269	30	1.3279	39.84
10	1.1089	11.09	35	1.3798	48.31
16	1.1751	18.80	40	1.4300	57.20
20	1.2191	28.42	50	1.5253	76.27

氢 氧 化 钾

KOH 质量分数/%	d_4^{20}	100mL 水溶液中含 KOH 的质量/g	KOH 质量分数/%	d_4^{20}	100mL 水溶液中含 KOH 的质量/g
1	1.0053	1.008	26	1.2489	32.47
5	1.0458	7.455	30	1.2905	38.72
10	1.0918	10.92	35	1.3450	47.06
16	1.1493	19.70	40	1.3991	55.96
20	1.1884	23.77	50	1.5143	79.99

氨　　水

NH₃ 质量分数/%	d_4^{20}	100mL 水溶液中含 NH₃ 的质量/g	NH₃ 质量分数/%	d_4^{20}	100mL 水溶液中含 NH₃ 的质量/g
1	0.9939	9.94	16	0.9362	149.8
2	0.9895	19.79	18	0.9295	167.3
4	0.9811	39.24	20	0.9229	184.6
6	0.9730	58.38	22	0.9164	201.6
8	0.9651	77.21	24	0.9101	218.4
10	0.9575	77.21	28	0.8980	251.4
12	0.9501	114.0	30	0.8920	267.6
14	0.9430	132.0			

碳　酸　钠

Na₂CO₃ 质量分数/%	d_4^{20}	100mL 水溶液中含 Na₂CO₃ 的质量/g	Na₂CO₃ 质量分数/%	d_4^{20}	100mL 水溶液中含 Na₂CO₃ 的质量/g
1	1.0086	1.009	12	1.1244	13.49
2	1.0190	2.038	14	1.1463	16.05
4	1.0398	4.159	16	1.1682	18.50
6	1.0606	6.364	18	1.1905	21.33
8	1.0816	8.653	20	1.2132	24.26
10	1.1029	11.03			

五、常用有机溶剂的沸点和密度表

名　称	沸点/℃	d_4^{20}	名　称	沸点/℃	d_4^{20}
甲醇	64.9	0.7914	苯	80.1	0.878
乙醇	78.5	0.7893	甲苯	110.6	0.8669
乙醚	34.5	0.7137	二甲苯	~140.0	
丙酮	56.2	0.7899	氯仿	61.7	1.4832
乙酸	117.9	1.0492	四氯化碳	76.5	1.5940
乙酸酐	139.5	1.0820	二硫化碳	46.2	1.2632
乙酸乙酯	77.0	0.9003	硝基苯	210.8	1.2037
二氧六环	101.7	1.0337	正丁醇	117.2	0.8098

六、常用有机溶剂在水中的溶解度

溶剂名称	温度/℃	在水中溶解度	溶剂名称	温度/℃	在水中溶解度
正庚烷	15.5	0.005%	硝基苯	15	0.18%
正己烷	15.5	0.014%	氯仿	20	0.81%
苯	20	0.175%	二氯乙烷	15	0.86%
甲苯	10	0.048%	正戊醇	20	2.6%
二甲苯	20	0.011%	异戊醇	18	2.75%
氯苯	30	0.049%	正丁醇	20	7.81%
四氯化碳	15	0.077%	乙醚	15	7.83%
二硫化碳	15	0.12%	乙酸乙酯	15	8.30%
乙酸戊酯	20	0.17%	异丁醇	20	8.50%
乙酸异戊酯	20	0.17%			

七、常见化学物质的毒性

1. 高毒性固体很少量就能使人迅速中毒甚至致死

	TLV/(mg·m^{-3})		TLV/(mg·m^{-3})
三氧化锇	0.02	砷化合物	0.5(按 As 计)
汞化合物,特别是烷基汞	0.01	五氧化二钒	0.5
铊盐	0.1(按 Tl 计)	无机氰化物	5(按 CN 计)
硒和硒化合物	0.2(按 Se 计)		

2. 毒性危险气体

	TLV/(mg·m^{-3})		TLV/(mg·m^{-3})
氟	0.1	氟化氢	3
光气	0.1	二氧化氮	5
臭氧	0.1	亚硝酰氯	5
重氮甲烷	0.2	氰	10
磷化氢	0.3	氰化氢	10
三氟化硼	1	硫化氢	10
氯	1	一氧化碳	50

3. 毒性危险液体和刺激性物质

长期少量接触可能引起慢性中毒,其中许多物质的蒸气对眼睛和呼吸道有强刺激性

	TLV/(mg·m^{-3})		TLV/(mg·m^{-3})
羰基镍	0.001	溴	0.1
异氰酸甲酯	0.02	3-氯-1-丙烯	1
丙烯醛	0.1	苯氯甲烷	1
苯溴甲烷	1	四氯乙烷	5
三氯化硼	1	苯	10
三溴化硼	1	溴甲烷	15
2-氯乙醇	1	二硫化碳	20
硫酸二甲酯	1	乙酰氯	
硫酸二乙酯	1	腈类	
烯丙醇	2	氟硼酸	
2-丁烯醛	2	三甲基氯硅烷	
氢氟酸	3		

4. 其他有害物质

(1) 许多溴代烷和氯化烷,以及甲烷和乙烷的多卤衍生物,特别是下列化合物:

	TLV/(mg·m^{-3})		TLV/(mg·m^{-3})
溴	0.5	1,2-二溴乙烷	20
碘甲烷	5	1,2-二氯乙烷	50
四氯化碳	10	溴乙烷	200
氯仿	10	二氯甲烷	200

(2) 胺类　低级脂肪族胺的蒸气有毒。全部芳胺,包括它们的烷氧基、卤素、硝基取代物都有毒性。

| | TLV/(mg·m⁻³) | | TLV/(mg·m⁻³) |

	TLV/$(mg \cdot m^{-3})$		TLV/$(mg \cdot m^{-3})$
对苯二胺(及其异构体)	0.1	苯胺	5
甲氧基苯胺	0.5	邻甲苯胺(及异构体)	5
对硝基苯胺(及其异构体)	1	二甲胺	10
N-甲基苯胺	2	乙胺	10
N,N-二甲基苯胺	5	三乙胺	25

（3）酚和芳香族硝基化合物

	TLV/$(mg \cdot m^{-3})$		TLV/$(mg \cdot m^{-3})$
苦味酸	0.1	硝基苯	1
二硝基苯酚、二硝基甲苯酚	0.2	苯酚	5
对硝基氯苯(及异构体)	1	甲苯酚	5
间二硝基苯	1		

5．致癌物质

目前发现的化学致癌物日益繁多，其中有机物易被人吸收，危害最大。现分类阐述如下：

（1）多环芳烃类

在煤气、煤焦油烟气中，都含有多环芳烃，所以消除烟道灰和处理煤焦油的工人患皮肤癌和阴囊癌的较多。如有甲基取代基可改变其致癌力。7,12-二甲基苯并（a）蒽的致癌力较强。多环芳烃致癌物的名称及结构如下：

名 称	结 构 式	名 称	结 构 式
苯并[a]蒽	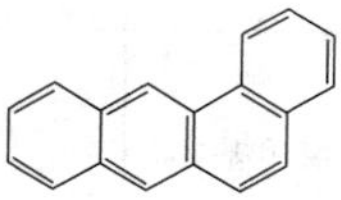	苯并[a]芘	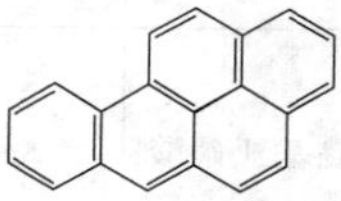
二苯并[a,h]蒽	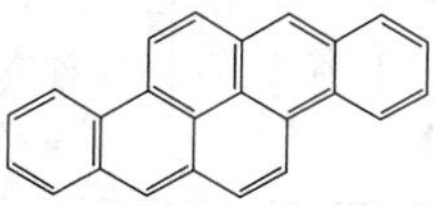	苯并[b]荧蒽	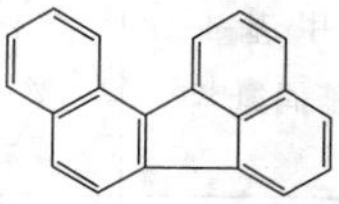
7,12-二甲基苯并[a]蒽	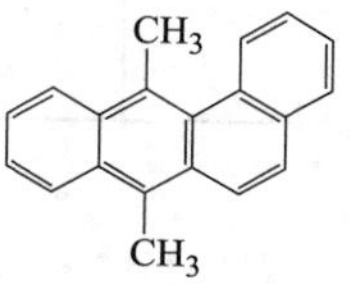	3-甲基胆蒽	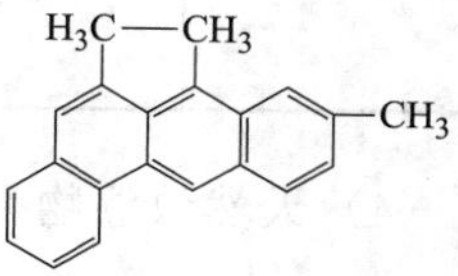
二苯并[a,h]蒽	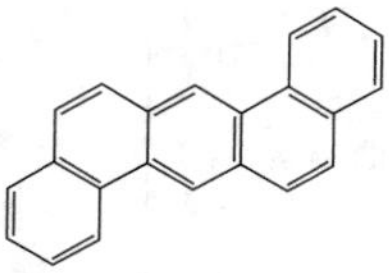		

（2）芳香胺类

名　称	结　构　式	名　称	结　构　式
β-萘胺	—NH$_2$	3-甲基-2-萘胺	—NH$_2$ / —CH$_3$
联苯胺	H$_2$N——NH$_2$	2′,3-二甲基-联苯	CH$_3$　CH$_3$ / —NH$_2$
β-蒽胺	—NH$_2$	4-氨基联苯	—NH$_2$
芴胺	—NH$_2$	2-乙酰基芴	—NHCOCH$_3$
2,4-二氨基甲苯	CH$_3$ / —NH$_2$ / —NH$_2$	苯基二甲氨基苯乙烯	CH=CH——N(CH$_3$)$_2$

（3）氨基偶氮染料类

名　称	结　构　式	名　称	结　构　式
4-二甲氨基偶氮苯	—N=N——N(CH$_3$)$_2$	N-硝基嘧啶	N—NO
二烷基亚硝酸	R—N—R′ / NO / R,R′=CH$_3$,C$_2$H$_5$,C$_3$H$_7$	二(氯甲基)醚	ClCH$_2$—O—CH$_2$Cl
3′-甲基-4-二甲氨基偶氮苯	CH$_3$ / —N=N——N(CH$_3$)$_2$	2′,3-二甲基-4-二甲氨基偶氮苯	CH$_3$　CH$_3$ / —N=N——N(CH$_3$)$_2$
亚乙基乙胺	H$_2$C—CH$_2$ / N / H	4-二甲氨基偶氮基萘	—N=N——N(CH$_3$)$_2$

（4）天然致癌物

名　称	结　构　式	名　称	结　构　式
黄曲霉素 B$_1$	—OCH$_3$	黄曲霉素 G$_1$	—OCH$_3$

名　称	结　构　式	名　称	结　构　式
黄樟素	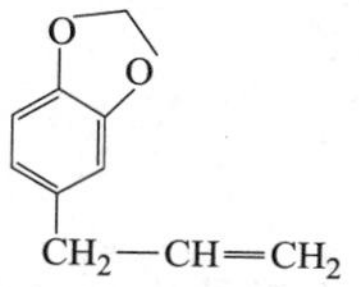	β-细辛脑	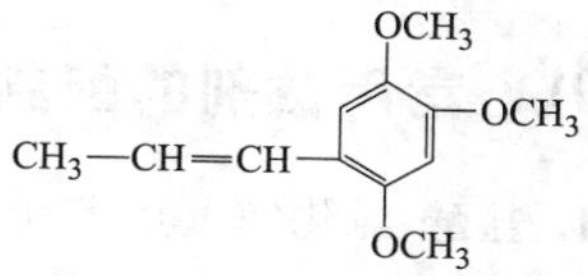

（5）具有致癌性的化学物质

化学物质	接触方式	靶脏器
石棉	职业、环境污染	肺、消化器
煤烟、煤焦油	职业、环境污染	皮肤、肺
丙烯腈	职业	肺、大肠
4-氨基联苯	职业	膀胱
氯乙烯	职业	肝、脑
金胺	职业	膀胱
烟卷		肺
铬化合物		肺
氯甲醚	职业	肺
氧化镉	职业	前列腺
赤铁矿		肺
β-萘胺	职业	膀胱
镍化合物	职业	肺、鼻
芥子气	职业	肺
苯	职业	膀胱
砷	职业、医药品	皮肤、肺
硫唑嘌呤	医药品	网状红细胞
氯霉素	医药品	白血病
氯那法金	医药品	膀胱
环磷酰胺（抗癌药）	医药品	白血病
甾族避孕药	医药品	肝
非那西丁	医药品	肾盂
液体石蜡	医药品	胃、大肠、直肠

6. 具有长期积累效应的毒物

这些物质进入人体不易排出，在人体内累积，引起慢性中毒。这类物质主要有：

（1）苯。

（2）铅化合物，特别是有机铅化合物。

（3）汞和汞化合物，特别是二价汞盐和液态的有机汞化合物。

在使用以上各类有毒化学药品时，都应采取妥善的防护措施。避免吸入其蒸气和粉尘，不要使它们接触皮肤。有毒气体和挥发性的有毒液体必须在环境良好的通风橱中操作。汞的表面应该用水掩盖，不可直接暴露在空气中。装盛汞的仪器应放在一个搪瓷盘上以防溅出的汞流失。溅洒汞的地方迅速撒上硫磺石灰糊。

注：TLV（Threshold Limit Valuee）极限安全值，即空气中含该有毒物质蒸气或粉尘的浓度，在此限度以内，一般人重复接触不致受害。

八、常用试剂的配制

1. 盐酸-氯化锌（卢卡斯）试剂的配制

将无水氯化锌在蒸发皿中加强热熔融，稍冷后放在干燥器中冷却至室温，取出捣碎，称取 136g 溶于 90mL 浓盐酸中。溶解时有大量氯化氢气体和热量放出，放冷后贮存于玻璃瓶中，塞严，防止潮气侵入。

2. 溴水溶液的配制

将 15g 溴化钾溶解于 100mL 水中，加入 10g 溴，振荡。

3. 2,4-二硝基苯肼试剂的配制

将 3g 2,4-二硝基苯肼溶解于 15mL 浓硫酸中，将所得溶液在搅拌下 95％乙醇和 20mL 水的混合液中，过滤后即可使用。

4. 碘溶液的配制

取 50g 碘化钾，溶于 200mL 水中，再溶解 25g 碘。

5. 斐林试剂

斐林试剂 A：溶解 3.5g 硫酸铜（$CuSO_4 \cdot 5H_2O$）于 100mL 水中，浑浊时过滤。

斐林试剂 B：溶解酒石酸钾钠晶体 17g 于 15～20mL 热水中，加入含 5g 氢氧化钠的水溶液 20mL，稀释至 100mL。

斐林试剂是由斐林试剂 A 和 B 组成，使用时，将 A、B 两者等体积混合。

6. 本尼迪特（Benedict）试剂的配制

取 17.3g 柠檬酸钠和 100g 无水碳酸钠，溶解于 800mL 水中。再取 17.3g 结晶硫酸铜溶解在 100mL 水中，慢慢将此溶液加入上述溶液中，最后用水稀释至 1L。如溶液不澄清，可过滤之。

7. 1％氯化铁溶液的配制

将 1g 氯化铁溶解于 100mL 水中，因氯化铁易于水解，溶解时会出现浑浊，可滴加数滴浓盐酸，直至溶液透明为止。

8. 淀粉溶液

取 1g 干燥的可溶淀粉，用 6mL 水调匀后，倒入 60mL，沸水中，配成淀粉溶液。

9. 饱和亚硫酸氢钠溶液

在 100mL40％的亚硫酸氢钠溶液中，加入不含醛的无水乙醇 25mL。混合后，如有少量的亚硫酸氢钠析出，必须滤去或倾泻上层清液。此溶液不稳定，易氧化和分解，因此不能保存很久，实验前现配制为宜。

10. 氯化亚铜氨溶液

取氯化亚铜 0.5g，溶于 100mL 浓氨水，再加水稀释至 250mL，过滤，除去不溶性杂质。温热滤液，慢慢加入羟胺盐酸盐，直至蓝色消失为止。

11. 0.1％碘溶液

取 0.1g 碘和 0.2g 碘化钾溶于 100mL 水中。

12. 品红试剂（又叫希夫试剂）

（1）在 200mL 热水里，溶解 0.11g 品红盐酸盐（也叫碱性品红或盐酸品红），加入 1g 亚硫酸氢钠和 1mL 浓盐酸，再用水稀释至 100mL。

（2）溶解 0.5g 品红盐酸盐于 100mL 热水中，冷却后，通入二氧化硫达饱和，加入 0.5g 活性炭，振荡、过滤再用蒸馏水稀释至 500mL。

13. 苯酚溶液

将苯酚溶于 50mL 5％氢氧化钠溶液中至饱和。

14. 吐伦试剂

加 20mL 5％硝酸银溶解于一个干净的试管中，然后滴加 10％的氨水，振摇，直至沉淀刚好溶解，再多加 2 滴。

15. 苯肼试剂

（1）称取 2 份质量的苯肼盐酸盐和 3 份质量的无水乙酸钠混合均匀，于研体中研磨成粉末，即得盐酸苯肼—乙酸钠混合物，贮存于棕色瓶中。苯肼在空气中不稳定，因此通常用较稳定的苯肼盐酸盐。使用时必须加入适量的乙酸钠以缓冲盐酸的酸性，使用醋酸钠不能过多。

（2）取苯肼盐酸盐 5g，加入 160mL 水，微热助溶，再加入活性炭 0.5g，脱色、过滤，在滤液中加入乙酸钠结晶 9g 搅拌，溶解后贮于棕色瓶中。

（3）将 5mL 苯肼溶于 50mL10％的乙酸溶液中，加 0.5g 活性炭。存于棕色瓶中。

16. 间苯二酚盐酸试剂

将 0.05g 间苯二酚溶于 50mL 浓盐酸中，用蒸馏水稀释至 100mL。

17. 间苯三酚盐酸试剂

将 0.3％间苯三酚溶于 60mL 浓盐酸中。

18. 蛋白质溶液

取蛋清 25mL，加入蒸馏水 100～150mL，搅拌，混匀后，用 3～4 层纱布或丝绸过滤，滤去析出的球蛋白即得到清亮的蛋白质溶液。

19. 碘化汞钾溶液

把 5％碘化汞钾水溶液一滴一滴加到 2％氯化汞或硝酸汞溶液中，加至起初生成红色沉淀完全溶解为止。

20. α-萘酚乙醇溶液

将 2g α-萘酚溶于 20mL95％乙醇中用 95％乙醇稀释至 100mL，贮于棕色瓶中，一般是用前才配。

九、热浴用的液体介质

热浴名称	介　质	温度范围/℃
水浴	水	0～100
油浴	植物油（如豆油）	100～220
	石蜡油	60～200
	甘油	0～260
	硅油	0～250

热浴名称	介　　质	温度范围/℃
酸浴液	浓硫酸	20～250
	80%磷酸	20～250
	6份(质量)H_2SO_4＋4份K_2SO_4	100～365
空气浴	空气	80～300
合金浴	伍德合金(50%Bi、25%Pb、12.5%Sn、12.5%Cd)	70～350

十、冷浴用的冰-盐的混合物

化合物	质量/%	最低温度/℃	化合物	质量/%	最低温度/℃
Na_2CO_3	5.9	−2.1	$NaNO_3$	37.0	−18.5
Na_2SO_4	12.7	−3.6	NaCl	23.3	−21.1
$MgSO_4$	19.0	−3.9	$MgCl_2$	21.6	−33.6
KCl	20.0	−11.1	$CaCl_2$	30.0	−55.0
NH_4Cl	18.6	−15.8			

十一、有机物质的干燥剂

有机物质	常用干燥剂	有机物质	常用干燥剂
醚类、烷烃、芳烃	$CaCl_2$、Na、P_2O_5	卤代烃	$MgSO_4$、Na_2SO_4、$CaCl_2$、P_2O_5
醇类	K_2CO_3、$MgSO_4$、Na_2SO_4、CaO、$CuSO_4$	有机碱类(胺类)	NaOH、KOH
醛类	$MgSO_4$、Na_2SO_4、$CaCl_2$	酚类	Na_2SO_4
酮类	$MgSO_4$、Na_2SO_4、K_2CO_3、$CaCl_2$	腈类	K_2CO_3
酸类	$MgSO_4$、Na_2SO_4	硝基化合物	$CaCl_2$、Na_2SO_4
酯类	$MgSO_4$、Na_2SO_4、K_2CO_3	肼类	K_2CO_3

十二、常用洗涤剂的配制

名　　称	配　制　方　法	备　　注
合成洗涤剂(肥皂水)	合成洗涤剂粉或肥皂用热水搅拌成浓溶液	一般洗涤
铬酸洗液	用$K_2Cr_2O_7$(L.R)20g于500mL烧杯中,加40mL水,加热溶解,冷却后,缓慢加入320mL浓硫酸(边加边搅拌)即成,贮于磨口试剂瓶	用于洗涤油污和有机物,使用时防止被水稀释,用后到回原瓶,可反复使用,直至溶液变为了绿色(可加入$KMnO_4$固体使其再生,实际消耗的是$KMnO_4$,可减少铬对环境的污染)
$KMnO_4$碱性溶液	用$KMnO_4$(L.R)4g,溶于少量水中,缓慢加入100mL 10% NaOH溶液	用于洗涤油污和有机物,洗后壁上附着MnO_2沉淀,可用粗亚铁或Na_2SO_4溶液洗去
碱性酒精溶液		用于洗涤油污
乙醇-浓硝酸洗液	30%～40%NaOH酒精溶液	用于沾有有机物或油污的结构比较复杂的仪器。洗涤时先加少量乙醇于脏仪器中,再加入少量浓硝酸,即产生大量棕色NO_2,将有机物氧化破坏

十三、部分有机化合物手册中常见的英文缩写

英文缩写	注 释	英文缩写	注 释
Abs	绝对的	m. p.	熔点
A（ac）	酸	b. p.	沸点
Ac	乙酰（基）	s	可溶的
Ace	丙酮	s	秒
Al	醇	sl	微溶
B	碱	so	固体
aq	水的	sol	溶液
Bz	苯	solv	溶剂
DCM	二氯甲烷	THF	四氢呋喃
Cryst	结晶	Tol.（to）	甲苯
Dil	稀释	∞	无限溶
Et	乙基	δ	微溶
h	小时	C. P.	化学纯
lip	液体	A. R.	分析纯
mL	毫升	G. R.	优级纯

十四、部分实验中的英文词汇

蒸气压　vapor pressure

饱和蒸气压　saturated vaporpressure

标准样品　standard sample

冰浴　ice bath

薄层色谱　thin layer chromatography

产率　Productive rate

产物　product

沉淀物　settlings

重结晶　crystallization

抽真空　evacuation

抽滤（真空过滤）　vacuum filtration

真空表　vacuometer

真空泵　vacuum pump

催化剂　catalyst

萃取　extraction

纸色谱　paper chromatography

读数镜　reader

反应物　reactant

废液　exhausted liquid

沸点　boiling point

熔点　melting point

分馏　fractionation

分馏柱　fractionating column

分配色谱　partition chromatography

分液漏斗　separatory funnel

折射率　reffactive index(n)

干燥　exsiccate

干燥剂　exslccan

过饱和的　supersaturated

过量　excess

过热　excessive heating

含水的　hydrous

化学反应　chemical reaction

回流冷凝器　reflux condenser

回收　recover

混合　mix

蒸发皿　evaporating dish

蒸汽发生器　steam can

阿贝折光仪　Abbe refractometer

混合物　mixture

浑浊　turbidness

加热　heat up

加热器　heating equipment

减压蒸馏　vaccum distillation

搅拌器　agitator

酒精灯　alcohol lamp

可回收的　recoverable

可溶的 dislluble(dissolvability soluble)

冷凝管　condenser

冷凝水　condenser water

磁力搅拌器　magnetic agitation

淋洗溶剂　elution solvent

流动相　mobile phase

馏出物　distillate

滤纸　filter paper

螺旋夹　screw clamp

毛细管　capillary tube

浓缩　concentrate

气体导管　gas conduct

蒸馏　distillation

气体吸收　gas absorption

溶解度　dissolubility

副产物　accessory substances(复)

色谱柱　chromatographic column

旋塞　plug cock

烧杯　beake

烧瓶　flask

试剂　reagent

水浴　water bath

水蒸气蒸馏　Steam distillation

索氏提取器　Soxhlet extractor

脱色（动）　discolor

温度计　thermometer

吸附色谱　adsorption chromatography

旋光度　optical activity(opticalrotation)

纯化　purification

晾干　air drying

参 考 文 献

［1］　冯文芳．有机化学实验．武汉：华中科技大学出版社，2014.
［2］　夏阳．有机化学实验．北京：科学出版社，2014.
［3］　曹健，郭玲香．有机化学实验．第2版．南京：南京大学出版社，2012.
［4］　熊洪录，周莹，于兵川．有机化学实验．北京：化学工业出版社，2011.
［5］　刘天穗，陈亿新．基础化学实验（Ⅱ）——有机化学实验．北京：化学工业出版社，2010.
［6］　查正根等．有机化学实验．合肥：中国科学技术大学出版社，2010.
［7］　林敏，周金梅，阮永红．小量·半微量·微量有机化学实验．北京：高等教育出版社，2010.
［8］　任玉杰．绿色有机化学实验．北京：化学工业出版社，2008.
［9］　徐家宁，张锁秦，张寒琦．基础化学实验（中册）：有机化学实验．北京：高等教育出版社，2007.
［10］　赵建庄，符史良．有机化学实验．北京：高等教育出版社，2007.
［11］　李霁良．微型半微型有机化学实验．北京：高等教育出版社，2003.
［12］　李楠，张曙生．基础有机化学实验．北京：中国农业出版社，2002.
［13］　高占先．有机化学实验．第4版．北京：高等教育出版社，2004.